MATERIALES PARA LA DEFENSA

Vicente Sánchez Gálvez

Con la colaboración de:
María Laura Sánchez Paradela

Primera edición: octubre 2012

Edita:
Fundación Rogelio Segovia para el
Desarrollo de las Telecomunicaciones
Ciudad Universitaria, s/n
28040-Madrid

Imprime:
VA. Impresores

Diseño de cubierta y maquetación:
Rocio Ortega

ISBN (13): 978-84-7402-391-6
Depósito Legal: M-32152-2012

Índice

PRESENTACIÓN

Hace apenas unos meses el profesor Vicente Ortega nos pidió escribir una publicación ISDEFE sobre Materiales de interés para la Defensa. Aceptamos tan amable invitación si bien circunscribiéndonos exclusivamente al área de materiales para protección balística, en la que tenemos dilatada experiencia. Es de justicia por tanto iniciar este trabajo agradeciendo a ISDEFE y al profesor Ortega su invitación.

Nuestra colaboración con el Ministerio de Defensa así como con diversas empresas del sector de la Defensa se extiende ya a casi 30 años, la fructífera colaboración y el apoyo del Ministerio ha permitido el desarrollo de numerosos proyectos de investigación y contratos de desarrollo e innovación para la industria siempre en el campo citado de la protección tanto de personas como de vehículos frente a impacto de proyectiles y explosiones. En este aspecto debe destacarse la realización de varios proyectos de investigación europeos dentro del programa EUCLID y proyectos financiados por la EDA (Agencia Europea de Defensa). Gracias a esta dilatada y fructífera labor investigadora se logró la presencia del Departamento en el Comité Internacional de Balística y la incorporación en ARA (*Aeroballistic Range Association*).

Otro aspecto destacado ha sido la formación de personal. La mayoría de investigadores españoles en este campo se han formado en el Departamento.

La presente publicación pretende ser un resumen escueto del estado del arte del conocimiento sobre materiales de protección balística, bien entendido que existe una gran información (incluso de los propios autores) que por estar clasificada no puede ser publicada.

Los autores desean expresar, por último, su agradecimiento personal a Rosa M. Morera Bosch y a José Miguel Martínez Palacio por su inestimable ayuda para la preparación del texto y las figuras.

PRÓLOGO

La investigación en Materiales, a nivel mundial, se ha considerado de tal importancia que se ha llegado a catalogar el tiempo en que vivimos como la era de los materiales, que permitió, entre otras, el nacimiento de la era de la información y, sin la cual, no será posible la próxima era de la vida.

Desde una perspectiva histórica se puede considerar que, pequeños avances en la ciencia de los materiales han supuesto una revolución en la concepción de nuestra sociedad, y por supuesto grandes beneficios para ella. Innumerables son los ejemplos de investigación actuales como la obtención de propiedades revolucionarias en los nuevos materiales estructurales, mayor energía y estabilidad de propulsantes, o un mayor confort con mejores prestaciones y funcionalidades de los materiales textiles, ...

Una particularidad de los desarrollos en Nuevos Materiales es que revierten, de manera inmediata, en la sociedad que invirtió en su I+D+i. Estos beneficios se reciben en forma de nuevos desarrollos y dispositivos, pero también como puestos de empleo de calidad, mejora de las condiciones de vida y bienestar. En nuestro país el proyecto Eurofighter (consorcio EADS-AIRBUS), ha impulsado, 10 años después de su fundación, la investigación en materiales compuestos y ha generado más de 8 mil puestos de trabajo (directos e indirectos), pero también una mejora en nuestra defensa aérea.

Entre las 111 líneas de actuación funcional establecidas en la Estrategia de Tecnología e Innovación de Defensa, que son necesarias para el desarrollo de las capacidades militares que demanda el Planeamiento de la Defensa, es muy difícil encontrar alguna que no tenga vinculación con la Ciencia de los Materiales.

"Materiales para la Defensa" analiza en profundidad, por capítulos, materiales metálicos, cerámicos, poliméricos y compuestos, reservando el capítulo final para los blindajes add-on, muy utilizados en los actuales escenarios de conflicto.

En este libro no sólo se hace una recopilación de datos experimentales de resistencia balística, sino que se analizan y se interpretan. Sitúa a cada material en su aplicación actual, lo que facilita el acercamiento a las necesidades operativas de nuestras Fuerzas Armadas y Cuerpos de Seguridad del Estado desde una perspectiva científica e ingenieril.

Posiblemente la mayor cualidad de este libro es que se enfrenta al reto de abordar la amenaza balística, un problema en constante evolución, que requiere la investigación en el límite de la resistencia de los materiales. Nos muestra el actual "estado del arte", que permite estudiar y analizar las futuras líneas de investigación.

El espíritu de este libro es proporcionar formación sobre la investigación de los Materiales en Defensa, dicha investigación ha empujado a la humanidad a mayores niveles de confort, de seguridad y de desarrollo.

Como director de un Instituto Tecnológico del Ministerio de Defensa, me llena de satisfacción este libro por su rigor y calidad. Sin duda va a contribuir a una mayor comprensión de las tecnologías necesarias que soportan y mejoran la eficiencia de nuestros ejércitos.

José Luis Orts Palés

General de División Ingeniero

Director del Instituto Tecnológico La Marañosa

CAPÍTULO 1

INTRODUCCIÓN

1.1 Materiales para la Defensa

El sector de la Defensa utiliza un amplísimo abanico de materiales para las múltiples aplicaciones de interés tecnológico, desde materiales de construcción tradicionales para la construcción de edificios e instalaciones militares hasta los materiales avanzados y sofisticados para sensores de IR o *composites* de última generación para fabricación de componentes de aviones de combate.

Por ello, elaborar un estado del arte de características, sistemas de producción y utilidades del amplio espectro de materiales de interés para la Defensa requeriría un volumen muy superior al espacio disponible para esta publicación y, por otra parte, su elaboración implicaría la colaboración de un grupo de expertos en las distintas áreas, lo que sobrepasa los objetivos de este trabajo.

Así pues, tanto por motivos de extensión como por razones de experiencia en el área, el trabajo objeto de la presente publicación se circunscribe exclusivamente a los materiales de interés para protecciones pasivas.

1.2 Materiales de protección

En las últimas décadas, los avances en el desarrollo de armas y municiones de gran capacidad de penetración (proyectiles de energía cinética, cargas huecas, EFPs, etc.) han supuesto la imposibilidad de los materiales tradicionales de protección para afrontar con éxito estas nuevas amenazas. Cargas huecas transportadas por misiles o situadas en minas con capacidad de penetración superior a 1000 mm de acero no pueden ser defendidas por ningún sistema de protección basado en materiales tradicionales manteniendo el peso del blindaje dentro de niveles razonables.

La defensa frente a este tipo de amenazas de elevada capacidad de penetración llevó al desarrollo de blindajes activos (ERA o "*Explosive Reactive Armour*") en los que el contacto del *jet* procedente de la carga hueca provoca la detonación del blindaje que proyecta una placa de acero que a su vez desestabiliza el *jet* atacante.

Si bien el blindaje activo es una buena solución frente a impactos de cargas huecas, presenta no obstante varios inconvenientes:

- Es poco efectivo frente a impactos de proyectiles de energía cinética.
- Es ineficaz frente a misiles con doble carga hueca.

Por otro lado, el paso por poblaciones de carros de combate cubiertos con placas de explosivo resulta extremadamente peligroso y levanta lógicos recelos entre la población civil.

Por todo ello, el blindaje activo no se ha desarrollado como sistema de protección único de plataformas militares sino únicamente como complemento dentro del concepto moderno de blindaje compuesto, que incluye distintas capas de distintos materiales con funciones específicas concretas buscando optimizar pesos y precios.

Por otro lado, la protección del soldado, y más concretamente cascos y chalecos antibala, no puede incluir, por razones obvias, blindajes activos, quedando por consiguiente circunscrita a la protección pasiva.

En resumen, aunque el blindaje activo supuso un paso importante para la protección de plataformas militares terrestres y especialmente carros de combate frente a impactos de carga hueca, sigue siendo de gran interés para la Defensa el desarrollo de materiales para protección pasiva tanto de vehículos como de personas e instalaciones militares fijas.

1.3 Materiales para protección pasiva

Hasta mediados del siglo XX puede afirmarse que los únicos materiales utilizados para la protección balística eran el acero, utilizado en blindajes de vehículos militares caros de combate, barcos de guerra y cascos y el hormigón armado empleado como protección de instalaciones militares fijas, edificios, búnkeres, casamatas, etc.

Desde la década de 1960, el abanico de nuevos materiales empleados para la protección pasiva ha sido creciente, probablemente motivado como ya se ha indicado por el rápido avance en el desarrollo de armamento y munición de elevadas capacidades de penetración.

No obstante, debe destacarse que aún así el acero y el hormigón continúan siendo los materiales más extensamente empleados en protección pasiva, debido a su menor coste en comparación con otros materiales más avanzados pero también más caros. Tanto el acero de blindajes como el hormigón armado han experimentado notables avances tecnológicos presentando unas prestaciones muy superiores a los aceros y hormigones utilizados hasta hace pocos años.

En los capítulos siguientes se describirán las propiedades, ventajas e inconvenientes y áreas de utilización de materiales para protección pasiva, estudiándose aleaciones, materiales cerámicos, *composites* y hormigones. Los últimos capítulos analizan el diseño de blindajes compuestos (combinando distintos tipos de materiales) y el concepto de blindajes *add-on*.

CAPÍTULO 2

METALES Y ALEACIONES

2.1 Introducción

Como ya se ha indicado en el capítulo anterior, aunque en la actualidad se emplean gran número de aleaciones para protección pasiva de plataformas militares, el acero continua siendo la aleación más ampliamente utilizada por su menor relación coste/prestaciones. Junto a los aceros y en menor medida, también se emplean diversas aleaciones de aluminio y aún en menor medida otras aleaciones de metales como las de magnesio o titanio. En este capítulo se resumen de forma somera los últimos avances en estas aleaciones para aplicaciones balísticas, tanto para blindajes monolíticos como para blindajes compuestos.

Es importante destacar que la innovación en este campo es muy intensa. Existe un gran número de centros de investigación y empresas que desarrollan nuevas aleaciones por lo que la información que aquí se presenta debe entenderse como la que se dispone en el momento de redactar esta publicación pero en poco tiempo nuevas aleaciones aparecerán que dejarán obsoletas las ahora existentes.

2.2 Aceros para blindajes

Como iremos enfatizando, el acero continúa siendo el material más ampliamente utilizado para la producción de blindajes pasivos de plataformas, tanto terrestres como navales, debido principalmente a sus elevadas prestaciones y coste reducido frente a otros materiales. Su elevada densidad (7,85 g/cm^3) constituye sin embargo un *handicap* frente a otros materiales más ligeros en aplicaciones en las que el peso de la protección sea un factor importante (cascos, protección de plataformas aéreas).

Además de las ventajas citadas, el acero, al igual que otros metales es maleable lo que permite producir elementos curvos, resiste sin problemas impactos múltiples y además muchas aleaciones son soldables, lo que facilita la producción de blindajes adaptados a formas complejas.

La evolución de los aceros para blindajes en los últimos años ha sido rápida para competir con otros materiales avanzados.

El acero de blindajes tradicional (RHA) utilizado profusamente presenta una tensión de rotura del orden de 1500 MPa y dureza Brinell en torno a 500. Numerosas empresas lo comercializan y se dispone amplia información sobre su comportamiento balístico frente a gran cantidad de proyectiles. A modo de ejemplo, la tabla 1 presenta los datos de espesor mínimo del blindaje MARS 240 producido por la empresa CREUSOT LOIRE para detener diversas municiones (1).

ARMA	PROYECTIL	Espesor (mm)
PM HATZEN PA MAC 50	9 mm SFM 9 mm NORMA 9 mm KTW	2
Revolver 357 Magnum	357 Magnum Armour Piercing WINCHESTER	2
SMITH & WESSON	38 ESPECIAL KTW Perforante	2
RIOT CALIBRE 12	BRENNEKE	3
CARABINA USM 1	30 M 1	3

Tabla 1. Espesores mínimos del acero de blindajes MARS 240 para detener diversos proyectiles

Por otro lado, las tablas 2, 3 y 4 resumen resultados de ensayos balísticos con distintos proyectiles sobre chapas de distintos aceros ARMOX producidos por la empresa SSAB de Suecia. En las tablas se ha incluido el dato de la dureza Brinell de cada tipo de acero, para observar la correlación entre dureza y resistencia a impacto (2).

ACERO	Espesor (mm)	Dureza (BHN)	V_{50} (m/s)
ARMOX 370 T	12,7	389	765
ARMOX 370 X	12,8	393	775
ARMOX 500 S	12,7	529	925

Tabla 2. Límite balístico de diversos aceros ARMOX para impacto del proyectil 7,62 APM2

ACERO	Espesor (mm)	Dureza (BHN)	V_{50} (m/s)
ARMOX 370 T	16,2	416	644
	18,4	405	689
	20,5	380	758
	21,1	357	743
ARMOX 370 X	20,6	380	763
ARMOX 500 S	20,6	514	762

Tabla 3. Límite balístico de diversos aceros ARMOX para impacto del proyectil 12,7 APM2

ACERO	Espesor (mm)	Dureza (BHN)	V_{50} (m/s)
ARMOX 370 T	41,2	350	852
	66,7	341	1206
	50,7	322	969
	60,4	336	1123
	78,4	322	1361
ARMOX 370 X	41,2	411	811
	66,7	416	1259
ARMOX 500 S	41,2	501	737
	66.8	523	1238
ARMOX 500 T	50,6	505	867
	69,5	523	1268
	79,7	502	1451

Tabla 4. Límite balístico para diversos aceros ARMOX para impacto del proyectil de 30 mm APDS

Más recientemente, se han desarrollado nuevas generaciones de aceros de blindaje para hacer frente a las crecientes amenazas de proyectiles de energía cinética (AP y APDS). Así se tienen aceros HHA (*high hardness armors*) según norma MIL-DTL 46100 E como es el ARMOX 500 S y 500 T suministrado por la empresa sueca SSAB (ver tabla 4) o los aceros de dureza dual (DHA) según norma MIL-A-460099 C. Estos aceros DHA son producidos por laminación de chapa de elevada dureza (601-712 BHN) con chapa de menor dureza (534-641 BHN) para lograr la unión de ambos y tener un acero de gran dureza en su cara frontal y mayor ductilidad en la cara posterior. A modo de ejemplo, la tabla 5 muestra comportamiento balístico del acero de dureza dual MARS DD suministrado por la empresa CREUSOT-LOIRE (3). Estos aceros presentan problemas de fabricación, por lo que su uso no se ha extendido.

PROYECTIL	Distancia (m)	Espesor (mm)
5,56 P	30	6,5
7,62 P	30 100	7,5 6,5
12,70 P	100	17,0
20 AP	200	45,0

Tabla 5. Espesores mínimos del acero de blindajes MARS DD para detener diversos proyectiles (impacto normal)

En los últimos diez años han surgido nuevos aceros denominados UHH (*ultra high hardness*) con dureza superior a 600 BHN. Estos aceros, de última generación, compiten con materiales cerámicos avanzados, para la producción de blindajes *add-on* que se describen más adelante en esta publicación. Existen ya productos comerciales en Suecia, Alemania y Francia.

A modo de ejemplo de las propiedades de estos aceros y del comportamiento balístico de los mismos se muestra la tabla 6 que resume las propiedades mecánicas de los aceros ARMOX 600 T y ARMOX ADVANCE suministrados por la empresa sueca SSAB. En las tablas 7 y 8 se resumen el comportamiento balístico de estos mismos aceros, mostrándose los valores de V_{50} (velocidad de impacto para un 50% de probabilidad de perforación) frente a espesor de blindaje para el proyectil de 7,62 APM2Y de 12,70 APM2 respectivamente y ángulo de impacto de 30° (4).

ACERO	DUREZA	Límite Elástico (MPa)	Tensión de Rotura (MPa)	Alargamiento (%)
ARMOX 600 T	BHN 570-640	> 1500	> 2000	7
ARMOX ADVANCE	RC58-63	> 1600	> 2250	9

Tabla 6. Propiedades mecánicas de aceros UHH

ACERO	Espesor (mm)	V_{50} (m/s)
ARMOX 600 T	8,36	692
	10,41	754
	12,25	826
ARMOX ADVANCE	8,33	726
	10,29	788
	12,24	825

Tabla 7. V_{50} frente a espesor de blindaje para aceros ARMOX 600 T y ARMOX ADVANCE y proyectil 12,70 APM 2. Ángulo de impacto 30º

ACERO	Espesor (mm)	V_{50} (m/s)
ARMOX 600 T	4,52	723
	5,46	760
	6,32	782
	7,42	863
	8,36	891
ARMOX ADVANCE	4,52	667
	5,38	819
	6,40	859
	7,34	905
	8,33	892

Tabla 8. V_{50} frente a espesor de blindaje para aceros ARMOX 600 T y ARMOX ADVANCE y proyectil 7,62 APM 2. Ángulo de impacto 30º

2.3 Aleaciones de aluminio

Las aleaciones de aluminio constituyen el segundo grupo de materiales metálicos más utilizados para la protección balística tras los aceros. El aluminio posee una densidad (2,70 g/cm^3) mucho menor que la del acero, si bien no alcanzan sus aleaciones las propiedades mecánicas y la capacidad de protección que se consigue con los aceros de última generación descritos en el apartado anterior. Por otra parte, la investigación en aleaciones de aluminio es muy intensa, habiéndose desarrollado en los últimos años aleaciones de muy elevadas propiedades mecánicas y eficiencia balística, no siendo descartable en absoluto que en un futuro próximo se desarrollen aleaciones con propiedades balísticas semejantes a la de los aceros de blindaje con pesos muy inferiores.

De momento, y considerando además que su coste es más elevado que el de los aceros, se emplean en aplicaciones en las que el peso del blindaje sea un factor importante, tal como la protección de vehículos de combate de infantería (IFV) o LAV (*Light Armored Vehicles*) utilizados para el transporte de tropas, misiones de reconocimiento, etc. Asimismo, se emplean como placa de base de losetas cerámicas en blindajes *add-on* diseñados para el refuerzo de la protección de vehículos ligeros en áreas de conflicto.

El número de aleaciones de aluminio es muy elevado, si bien solamente unas pocas han sido empleadas para la fabricación de cascos de vehículos ligeros de combate, por combinar las propiedades requeridas para este tipo de utilización: elevada resistencia mecánica, soldabilidad, resistencia a la corrosión y resistencia a impacto. Entre las aleaciones de aluminio, una de las más utilizadas ha sido la aleación 5083-H131 utilizada en la fabricación del casco de los vehículos M113 y M109, por lo que es lógico que existan numerosos datos sobre el comportamiento balístico de esta aleación frente a diversos proyectiles.

La necesidad de mejorar la protección de estos vehículos ante el incremento de la potencia de los modernos proyectiles e IEDs ("*Improvised Explosive Devices*"), ha conducido al análisis de otras aleaciones más resistentes como son la AA7039, AA2219 y AA2259, que sin embargo presentan problemas de corrosión bajo tensión y de la aleación 5059H131 y 5059H136 que no tiene este problema si bien su resistencia es algo menor.

Así pues, en este apartado resumimos las propiedades de estas aleaciones y datos balísticos frente a proyectiles de núcleo duro y FSP (*fragment simulating projectiles*).

La tabla 9 muestra la composición química de las aleaciones de aluminio citadas, y la tabla 10 resume las propiedades mecánicas más significativas de dichas aleaciones (5).

Aleación	5083	5456	5059	2039	2219	2519
Si	0,40 max	0,25 max	0,50 max	0,30 max	0,20 max	0,25 max
Fe	0,40 max	0,40 max	0,50 max	0,40 max	0,30 max	0,30 max
Cu	0,10 max	0,10 max	0,40 max	0,10 max	5,8 - 6,8	5,3 - 6,4
Mn	0,4 - 1,0	0,5 - 1,0	0,60 - 1,2	0,10 - 0,40	0,20 - 0,40	0,10 - 0,50
Mg	4 - 4,9	4,7 -5,5	5 - 6	2,3 - 3,3	0,02 max	0,05 - 0,40
Cr	0,05 - 0,25	0,05 - 0,20	0,30 max	0,15 - 0,25	-	-
Zn	0,25 max	0,25 max	0,40 - 1,5	3,5 - 4,5	0,10 max	0,10 max
Ti	0,15 max	0,20 max	0,20 max	0,10 max	0,02 - 0,10	0,02 - 0,10
V	-	-	-	-	0,05 - 0,15	0,05 - 0,15
Zr	-	-	0,05 - 0,25	-	0,10 - 0,25	0,10 - 0,25
Al	resto	resto	resto	resto	resto	resto

Tabla 9. Composición química de aleaciones de aluminio utilizadas para blindaje

Aleación	5083	5456	5059	7039	2219	2519
Límite Elástico (MPa)	250	250	320	370	330	420
Tensión de rotura (MPa)	320	320	410	430	450	480
Alargamiento (%)	8	8	8	8	7	7

Tabla 10. Propiedades mecánicas de aleaciones de aluminio

En las figuras 1 a 4 se presenta el límite balístico frente al espesor del blindaje para la aleación de aluminio 5083H131 y distintos proyectiles, según datos publicados por Gooch y colaboradores (6). En las tablas 11 a 15 se resumen resultados de límite balístico para varios espesores de blindaje y distintos proyectiles para la aleación de aluminio 5059H131 y 5059H136 considerada como candidata para sustituir a la anterior, por tener una resistencia mecánica más alta (5).

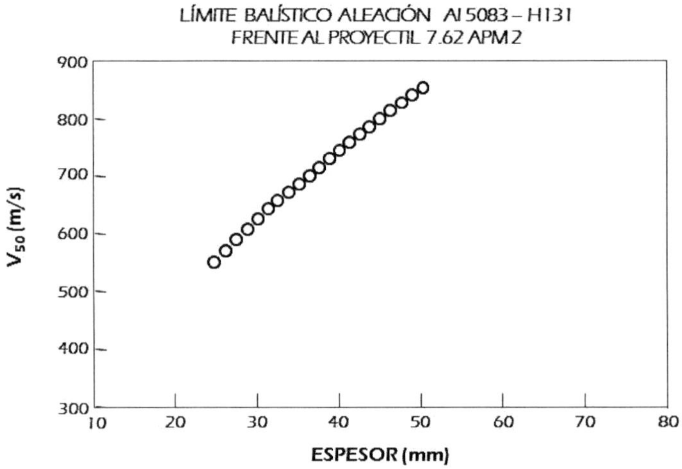

Figura 1. Límite balístico en función del espesor para la aleación de aluminio 5083 para el proyectil 7,62 APM

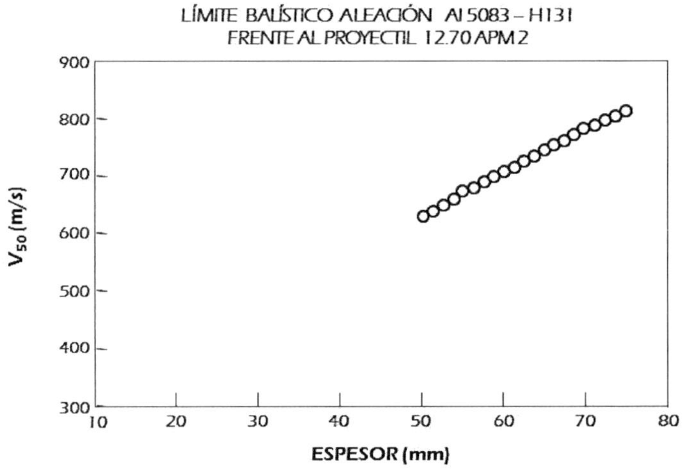

Figura 2. Límite balístico en función del espesor para la aleación de aluminio 5083 para el proyectil 12,70 APM

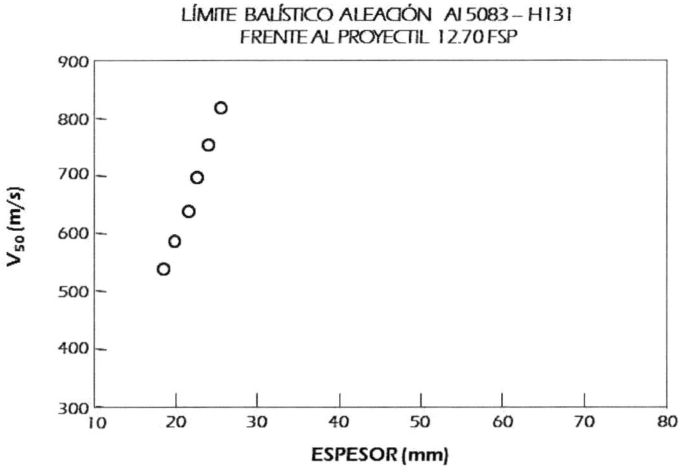

Figura 3. Límite balístico en función del espesor para la aleación de aluminio 5083 para el proyectil 12,70 FSP

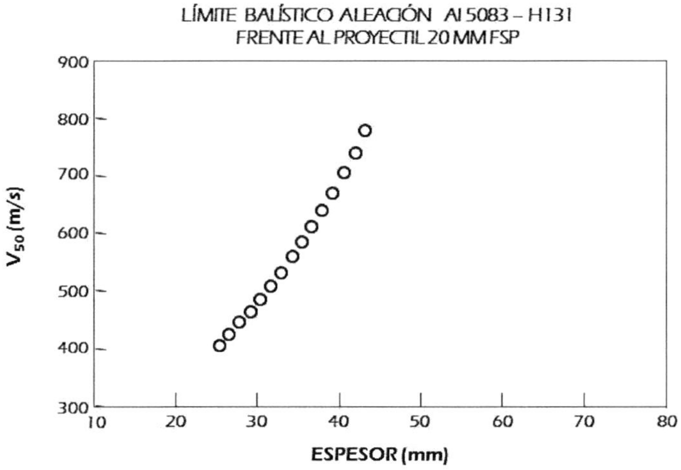

Figura 4. Límite balístico en función del espesor para la aleación de aluminio 5083 para el proyectil 20 mm FSP

Si se comparan las tablas citadas con las figuras 1 a 4 se comprueba que el comportamiento balístico de la aleación 5059H131 es superior al de la aleación 5083H131. Así por ejemplo para impacto normal del proyectil 7,62 APM2 para un espesor de 37,9 mm (1,5 pulgadas) el límite balístico para la aleación 5083 (figura 1) es de 720 m/s mientras que para la aleación 5059 (tabla 12) se llega a 759 m/s. Sin embargo la comparación con los aceros de última generación (tabla 8) sigue mostrando una superior eficiencia de los aceros frente a las aleaciones de aluminio tanto en espesores necesarios para proteger frente a un proyectil determinado como también en peso por unidad de superficie teniendo en cuenta incluso el menor peso específico del aluminio.

Espesor (mm)	Dureza (BHN)	V_{50} (m/s)
12,8	118	428
13,3	121	444
13,4	116	442
14,9	121	482
18,8	121	550
19,8	118	577
19,9	124	575
12,4	107	415
19,1	112	547

Tabla 11. Límite balístico de las aleaciones de aluminio 5059 para el proyectil 7,62 APM2 y ángulo de impacto 30°

Espesor (mm)	Dureza (BHN)	V_{50} (m/s)
25,1	118	578
25,4	126	580
26,3	126	600
30,4	116	650
34,6	114	693
37,9	116	751
38,9	121	769
48,3	107	845
51,2	126	892
51,4	121	898

Tabla 12. Límite balístico de la aleación de aluminio 5059H131para para impacto del proyectil 7,62 APM2. Impacto normal

Espesor (mm)	Dureza (BHN)	V_{50} (m/s)
47,8	107	650
51,2	126	669
51,4	121	660
61,6	121	744
64,2	114	742
64,5	114	757
75,0	99	821
76,6	105	809

Tabla 13. Límite balístico de la aleación de aluminio 5059H131 para el proyectil 12,70 APM2. Impacto normal

Espesor (mm)	Dureza (BHN)	V_{50} (m/s)
18,8	121	549
19,8	118	621
20,4	126	638
21,5	121	680
23,6	121	760
25,4	126	893
26,3	126	961

Tabla 14. Límite balístico de la aleación de aluminio 5059H131 frente a impacto del proyectil 12,70 mm FSP. Impacto normal

Espesor (mm)	Dureza (BHN)	V_{50} (m/s)
25,1	121	
25,5	116	
26,3	126	
30,4	116	
34,6	114	
37,9	116	
38,9	121	
47,8	107	

Tabla 15. Límite balístico de la aleación de aluminio 5059H131 frente a impacto del proyectil 20 mm FSP. Impacto normal

2.4 Aleaciones de titanio

El titanio con una densidad (4,51 g/cm^3) muy inferior a la del acero (7,85 g/cm^3) aparece siempre como un candidato prometedor para la obtención de blindajes en los que el peso sea un factor importante.

Aunque los primeros datos de comportamiento balístico de la aleación Ti6Al4V datan de los años 60 para municiones de pequeño calibre, apenas nada se ha avanzado desde entonces por el elevado coste de estas aleaciones en comparación con los aceros de blindaje hasta mediados de la década de los 90 cuando vuelve a considerarse el titanio como posible candidato para la mejora del blindaje de plataformas terrestres frente a impacto de proyectiles de energía cinética que reduzcan el peso excesivo que requieren los blindajes de acero.

La única aleación de titanio considerada es como ya se ha indicado la Ti6Al4V, que es la de mayor difusión comercial.

En la tabla 16 se resumen los resultados de experimentos balísticos llevados a cabo en el ARL (*Army Research Laboratory*) de Aberdeen, Maryland, USA para analizar el comportamiento balístico de la aleación Ti6Al4V frente a impacto de proyectiles de energía cinética y compararlos con el comportamiento del acero de blindajes (7).

Para las pruebas se utilizó un proyectil cilíndrico de una aleación de wolframio con una composición química aproximada de 93% W, 4,91% Ni y 2,11% Fe. La densidad de esta aleación es de 17,7 g/cm^3. Los proyectiles tenían un diámetro de 7,82 mm y una longitud de 78,2 mm (L/D = 10) con una masa de 65 g.

A efectos comparativos se usaron blancos de acero de blindajes de 44,69 mm de espesor y de 40 mm de espesor y blancos de la aleación de titanio de 70,21 mm de espesor tal como indica la tabla 16. La elección de dichos espesores permite una mejor comparación ya que el peso por unidad de superficie del blindaje de titanio es de 312,4 kg/m^2 similar al de los blindajes de acero (350,8 kg/m^2 el más pesado y 307,3 kg/m^2 el menos pesado).

La tabla muestra los resultados obtenidos en términos de longitud residual y velocidad residual del proyectil tras perforar el blindaje comprobándose un mejor comportamiento del blindaje de titanio tanto para velocidad de impacto de 1500 m/s como para la velocidad de 2000 m/s.

Blanco	Velocidad de impacto (m/s)	Velocidad residual (m/s)	Longitud residual (mm)
44,64 mm RHA	1507 1510	1297 1297	39,7 38,6
40 mm RHA	1973 1997	1893 -	41,7 41,4
70,21 mm Ti6Al4V	1500 1500 1989 1980	110 1118 1770 1831	26,1 26,5 31,0 31,0

Tabla 16. Ensayos balísticos sobre Ti6Al4V y acero (RHA). Impacto de proyectiles cilíndricos de WA

En una segunda serie de experimentos se trató de encontrar una solución al problema observado con esta aleación de titanio en impactos balísticos. En blindajes monolíticos, la perforación completa sucede para espesores de blindaje mayores que las profundidades de penetración observadas en blindajes semiindefinidos, debido a la producción de bandas adiabáticas de cortante ("*adiabatic shear bands*") y desprendimiento de fragmentos en la cara trasera del blindaje ("*spalling*").

Para buscar una solución a este problema que reduce la capacidad de esta aleación para resistir impactos de alta velocidad, se fabricaron blindajes compuestos soldando al blindaje principal de Ti6Al4V chapas de metales más dúctiles (RHA, aleación de aluminio 1100 y titanio de pureza comercial). El espesor total tanto del blindaje monolítico como del blindaje compuesto era de 38,1 mm. En el caso del blindaje compuesto, la chapa frontal de la aleación de titanio era de 31,75 mm y las chapas de las aleaciones soldadas a la cara trasera tenía 6,35 mm de espesor de forma que el espesor total era en todos los casos de 38,1 mm como hemos dicho.

Se determinaron los límites balísticos de los cuatro blindajes citados para impacto del proyectil de 20 mm FSP e incidencia normal (8).

Se encontraron los siguientes resultados,

	V_{50} (m/s)
Blindaje monolítico	1050
31,75 mm Ti6Al4V - 6,35 mm RHA	1580
31,75 mm Ti6Al4V / 6,35 AA	1280
31,75 mm Ti6Al4V / 6,35 mm Ti CP	1480

Los datos mostrados indican una leve mejora de la eficiencia del blindaje de la aleación de titanio con relación a los blindajes de acero en términos de peso del blindaje no así en términos de espesor de blindaje.

Así pues, la aleación de titanio puede ser un candidato a sustituir al acero en blindajes en los que el peso es el factor predominante y no el espesor del blindaje, especialmente si se emplea un blindaje compuesto con placa anterior de titanio y placa posterior de acero para evitar los problemas de *spalling*. En todo caso, el problema del coste del material subsiste por lo que no existen datos de su utilización en blindajes reales, lo cual no significa que no se esté utilizando, pues la información sobre blindajes de vehículos militares es altamente confidencial.

2.5 Aleaciones de magnesio

En la búsqueda de blindajes ligeros, el magnesio aparece como un buen candidato por su baja densidad (1,74 g/cm^3) muy inferior incluso a la del aluminio, lo que ha propiciado que ya se esté utilizando como sustituto del aluminio en sectores como el del transporte civil.

La aleación de magnesio elegida como más apropiada por sus propiedades, como candidata para la obtención de blindajes muy ligeros es la aleación AZ31B. La composición química de la aleación se muestra en la tabla 17.

Elemento	Al	Zn	Mn	Si	Cu	Ca	Fe	Ni	Mg
Contenido (%)	2,5-3,5	0,7-1,3	> 0,2	< 0,05	<0,05	< 0,04	<0,005	<0,005	Resto

Tabla 17. Composición química de la aleación de magnesio AZ31B

Se han llevado a cabo pruebas balísticas con chapas laminadas de la aleación AZ31B con dos tratamientos térmicos distintos AZ31B-0 y AZ31B-24H (9).

Las propiedades mecánicas de la aleación se resumen en la tabla 18.

Aleación	Espesor (mm)	Límite elástico (MPa)	Tensión de rotura (MPa)	Alargamiento (%)
AZ31B-0	7,62 31,5	153 151	254 258	21,5 11,5
AZ31B-24H	7,75 76,48	179 169	265 262	19,0 9,5

Tabla 18. Propiedades mecánicas de la aleación de magnesio AZ31B

Los ensayos balísticos se han realizado disparando proyectiles FSP (*Fragment Simulated Projectile*) de 4 calibres distintos 5,56, 7,62, 12,70 y 20 mm respectivamente. Para cada aleación, espesor y proyectil se ha determinado el límite balístico V_{50} que como ya se ha indicado es la velocidad de impacto para la que el 50% de los disparos perfora el blindaje (9).

La tabla 19 resume todos los resultados de las pruebas balísticas realizadas. A efectos comparativos se incluye también en la tabla los valores de V_{50} para cada uno de los proyectiles utilizados con blindaje de acero (RHA) y de la aleación de aluminio 5083 y peso por unidad de superficie similar al de los blancos de la aleación de magnesio ensayada. Puede observarse que el comportamiento de los tres materiales ensayados es parecido (para igual peso por unidad de superficie) y dependiendo del proyectil concreto es mejor el acero (para los proyectiles de 7,62 APM2 y 12,70 FSP) el aluminio (proyectil 20 mm FSP) o el magnesio para el proyectil de menor calibre (5,56 FSP).

PROYECTIL:		5,56 FSP	
Aleación	Peso superficial (kg/m^2)	Espesor (mm)	V_{50} (m/s)
Acero (RHA)		1,78	366
AA5083-H131	≈ 13,7	5,18	396
AZ31B-0		7,62	417
AZ31B-H24		7,75	421

PROYECTIL:		7,62 APM2	
Aleación	Peso superficial (kg/m^2)	Espesor (mm)	V_{50} (m/s)
Acero (RHA)		7,11	524
AA5083-H131	≈ 55,7	21,03	506
AZ31B-0		31,5	511
Acero (RHA)		17,22	914
AA5083-H131	≈ 135,2	50,93	853
AZ31B-H24		76,48	863

PROYECTIL:		12,70 FSP	
Aleación	Peso superficial (kg/m^2)	Espesor (mm)	V_{50} (m/s)
Acero (RHA)		7,11	718
AA5083-H131	≈ 55,7	21,03	663
AZ31B-0		31,5	639

PROYECTIL:		20 mm FSP	
Aleación	Peso superficial (kg/m^2)	Espesor (mm)	V_{50} (m/s)
Acero (RHA)		17,22	878
AA5083-H131	≈ 135,2	50.93	1125
AZ31B-0		76,48	897

Tabla 19. Resultados de pruebas balísticas de la aleación de magnesio AZ31B

Las figuras 5 a 8 representan de forma gráfica los resultados balísticos incluidos en la tabla 19.

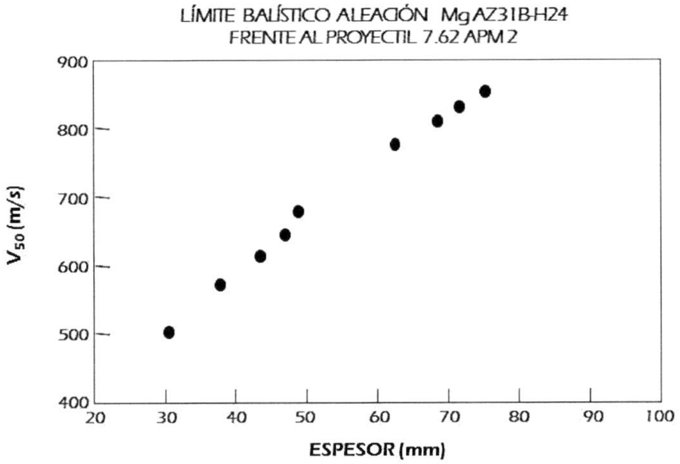

Figura 5. Límite balístico en función del espesor
para la aleación de magnesio AZ31B para el proyectil 7,62 APM

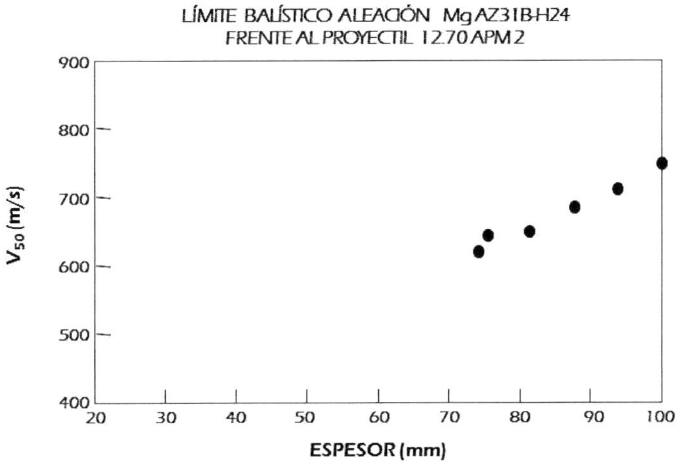

Figura 6. Límite balístico en función del espesor
para la aleación de magnesioAZ31B para el proyectil 12,70 APM

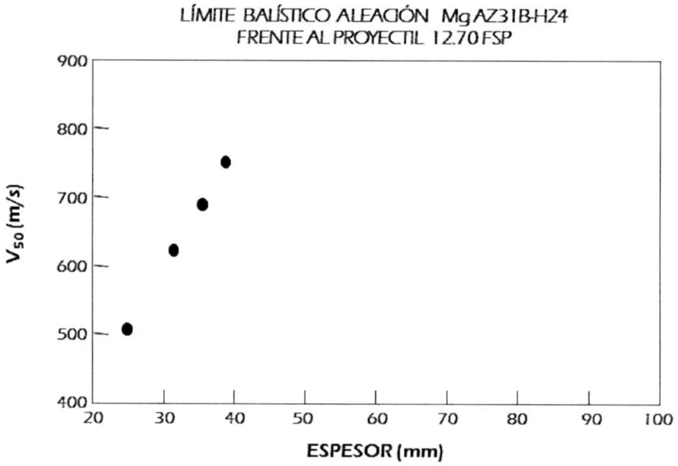

Figura 7. Límite balístico en función del espesor
para la aleación de magnesio AZ31B para el proyectil 12,70 FSP

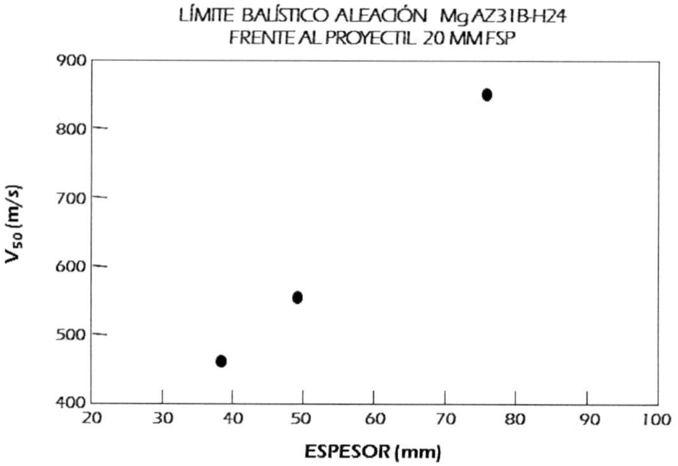

Figura 8. Límite balístico en función del espesor
para la aleación de magnesio AZ31B para el proyectil 20 mm FSP

CAPÍTULO 3
HORMIGONES

3.1 Introducción

El hormigón es un material constituido por la unión de áridos (arenas, gravas) con cementos hidráulicos. El hormigón tiene unas propiedades que han propiciado su extenso empleo en construcción tanto de edificios como de estructuras de ingeniería civil (puentes, presas de embalse, reactores, tanques de almacenamiento, etc.). Permite obtener formas complejas por su fácil moldeabilidad y tiene una elevada resistencia al ambiente. Con relación a propiedades mecánicas, al igual que los materiales pétreos presenta una buena resistencia a compresión, pero reducida resistencia a tracción, por lo que en piezas o elementos constructivos que trabajen a flexión requiere el empleo de material de refuerzo que soporte los esfuerzos de tracción. Así se emplean barras de acero corrugadas para dar lugar al hormigón armado, tendones de acero de alta resistencia pretensados para dar lugar al hormigón pretensado o fibras de distintos materiales (acero, vidrio, sisal, etc.) para obtener hormigones reforzados con fibras.

Las propiedades mencionadas han llevado al hormigón a erigirse en el material más utilizado, junto al acero, para la obtención de protecciones fijas frente a impacto y explosiones (barreras de protección de edificios, Búnkeres, polvorines, etc.). Por todo ello, la información sobre el comportamiento balístico de hormigones es extensa.

No obstante, hay que puntualizar que el hormigón, a diferencia de los materiales metálicos, tiene un comportamiento mecánico muy variable dependiente de numerosos factores, tanto internos como externos: dosificación, contenido de agua, armaduras, tipo y contenido de fibras, edad del hormigón, humedad, etc.

Por ello, datos obtenidos con un determinado hormigón no pueden ser trasladados sin más a otros hormigones, lo que en definitiva supone una dificultad para el proyectista de un blindaje de hormigón ante una amenaza concreta.

Hasta mediados del siglo XX el diseño de elementos de hormigón para resistir impactos balísticos se realizaba utilizando expresiones empíricas como por ejemplo la de Petry, la del ACE (*Army Corps of Engineers*), la del NDRC (*National Defense Research Committee*) o la del BRL (*Ballistic Research Laboratory*). Estas expresiones, descritas extensamente en el libro de Bangash (10), se basan en el método del análisis dimensional aproximaban numerosos resultados experimentales a leyes en las que los factores considerados son la resistencia a compresión del hormigón, el espesor del blindaje, la velocidad de impacto, la relación longitud/calibre del proyectil y la forma de su cabeza. Estas expresiones han dado resultados aceptables para hormigones en masa pero no consideran la cuantía de armadura, existencia de pretensado, presencia de fibras, etc.

La aparición de programas numéricos de simulación de procesos de impacto (hidrocódigos) unido al espectacular desarrollo en capacidad de memoria y velocidad de cálculo de los modernos ordenadores, ha supuesto el progresivo abandono de las expresiones empíricas, que han sido sustituidas por la simulación numérica.

Antes de continuar debemos indicar que uno de los problemas que presenta el hormigón como material de blindaje es el "*scabbing*" que puede traducirse por desconchado. La reducida resistencia a tracción del hormigón ocasiona la fisuración temprana de la cara posterior del blanco por ondas elásticas que se reflejan en esa cara como ondas de tracción y que pueden ocasionar la proyección de fragmentos hacia el interior del recinto que se quiere proteger aún cuando no se haya producido la perforación completa del blanco. Este hecho, conocido desde hace años, se tenía en cuenta en las expresiones empíricas citadas, añadiendo un sobreespesor de unos 3 cm al espesor mínimo necesario para la protección para evitar el *scabbing*. En esta línea, como se verá más adelante, el armado de la cara trasera o la inclusión de fibras de refuerzo pueden ayudar a mitigar este problema.

3.2 Simulación numérica de impacto sobre hormigones

Como hemos indicado, actualmente el diseño de elementos de hormigón resistentes a impacto de proyectiles o explosiones se lleva a cabo utilizando programas de simulación numérica (hidrocódigos) que permiten analizar numerosas variables y optimizar el diseño según criterios de coste, espesor o peso.

Los programas numéricos de simulación se basan en el método de elementos finitos (FEM) o diferencias finitas (FDM) para discretizar los sólidos en contacto (proyectil y blanco) simular el proceso de penetración en el tiempo. La dificultad inherente a la simulación numérica estriba en la necesidad de suministrar una elevada cantidad de datos al programa sobre el comportamiento mecánico de los materiales involucrados si se desea obtener resultados fiables.

La información precisa incluye propiedades mecánicas (módulo, resistencia a compresión y tracción) criterios de rotura y propiedades del hormigón fracturado, así como la influencia de la velocidad de deformación sobre dichos parámetros, datos que, como hemos señalado, varían considerablemente de un hormigón a otro, por lo que en muchos casos se requiere un amplio programa experimental para su obtención. A menudo, no se tienen todos estos datos por lo que se recurre a utilizar datos de otros casos conocidos, con la consiguiente incertidumbre sobre su validez en el caso considerado. En definitiva, la simulación numérica no evita la realización final de pruebas balísticas de comprobación de la validez de los resultados obtenidos. La simulación numérica debe así considerarse como una herramienta útil para el diseño de elementos de hormigón (barreras, muros, búnkeres, etc.) que permite reducir la extensión de las pruebas de fuego reales, que en estos casos son muy costosas, pues en general estas protecciones se diseñan para resistir impactos de proyectiles de grueso calibre o fuertes cargas explosivas, lo que en definitiva requiere instalaciones muy especializadas y fuertes inversiones en equipamiento.

Las figuras 9 y 10 muestran algunas simulaciones numéricas de impacto de proyectiles y de explosiones sobre placas de hormigón. Entre los programas de simulación numérica comerciales los más ampliamente utilizados son AUTODYN para impacto de proyectiles y LS-DYNA para la simulación de explosiones.

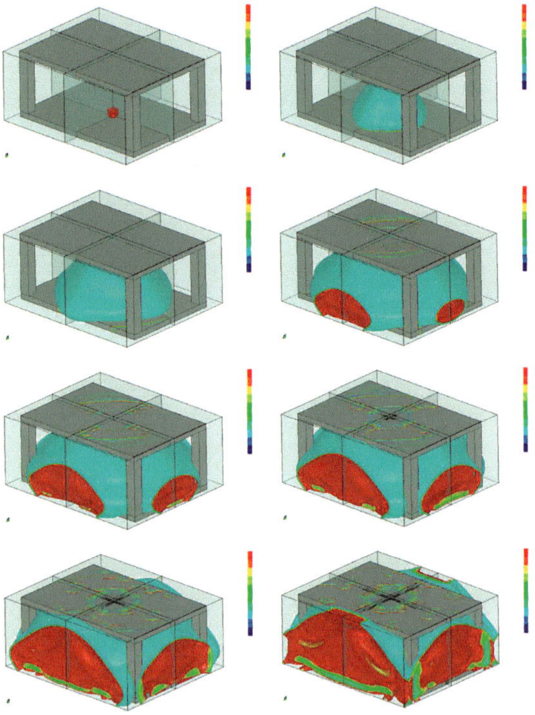

Figura 9.
Simulación numérica de una explosión en un recinto con 4 pilares y un forjado de hormigón armado (11)

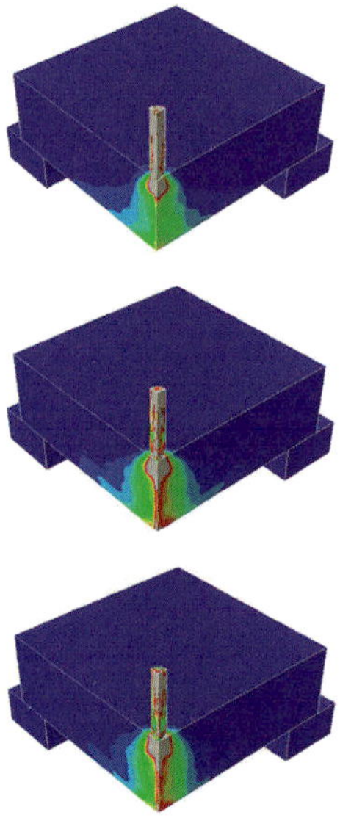

Figura 10.
Simulación numérica del impacto de un proyectil sobre una placa de hormigón reforzado con fibras de acero (cortesía de Viet le Duc)

3.3 Resultados experimentales de ensayos balísticos

Aun cuando se han realizado numerosas investigaciones sobre resistencia balística de hormigones, la inmensa mayoría no han publicado resultados numéricos por motivos de confidencialidad. La mayoría de publicaciones se limitan a reflejar resultados cualitativos o simplemente datos de fractura del blanco, fisuración, etc., poco útiles para deducir comportamiento generalizado del material.

Entre los resultados experimentales publicados recientemente se pueden destacar los obtenidos por Hanchak y colaboradores (12) Buzand y J. Dancygier (13) y los publicados más recientemente por Teng y colaboradores (14).

Hanchak llevó a cabo experimentos balísticos sobre dos tipos de hormigón armado: hormigón de resistencia normal (NSC) de 48 MPa de resistencia a compresión a 28 días y hormigón de alta resistencia (HSC) con resistencia a compresión de 140 MPa. Se utilizaron proyectiles de acero de 25,4 mm (1 pulgada) de diámetro y 101,6 mm de longitud (4 pulgadas) y punta ojival. La velocidad de impacto se ajustó entre 300 y 1100 m/s midiéndose la velocidad residual tras la perforación.

La figura 11 muestra los resultados obtenidos. Se observa que el límite balístico es ligeramente mayor con el hormigón de alta resistencia y asimismo se observa que con hormigón de alta resistencia la velocidad residual tras la perforación es ligeramente menor, si bien la diferencia no es muy importante.

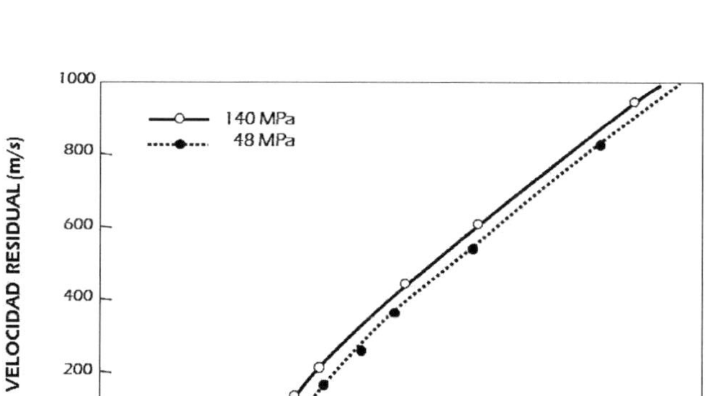

Figura 11. Resultados experimentales de Hanchak y colaboradores de velocidad residual frente a velocidad de impacto para dos hormigones de distinta resistencia

Dancygier y colaboradores utilizaron en sus experimentos balísticos un proyectil tubular de acero con diámetro exterior de 25 mm y diámetro interior de 16 mm y longitud de 40 mm rematado con un cono macizo de acero de 35 mm de altura. La masa total del proyectil era de 150 g.

Se realizaron ensayos balísticos sobre placas de hormigón de 4 y de 6 cm de espesor. Se usó tanto hormigón de resistencia normal (RSC) con resistencia a compresión entre 34 y 35 MPa, como hormigón de alta resistencia (HSC) con resistencia a compresión entre 95 y 110 MPa. Asimismo se analizaron cuatro formas de armado: hormigón en masa (sin armadura), hormigón armado con malla de 5 mm de diámetro y 100 mm de espaciamiento, hormigón armado con dos mallas de 0,5 mm de diámetro y espaciadas 7 y 10 mm respectivamente y hormigón reforzado con fibras de acero con un contenido de fibras de 60 kg/m^3 de hormigón. La mayoría de los disparos se efectuaron con una velocidad de impacto entre 140 y 145 m/s si bien, a la vista de los resultados, algunas pruebas se repitieron a menor o a mayor velocidad.

En la tabla 20 se resumen los resultados obtenidos para impacto a 140-145 m/s de velocidad (impacto normal) mientras la tabla 21 resume los resultados obtenidos a otras velocidades de impacto. En la descripción del blanco el primer número simboliza el espesor, las siglas siguientes significan: PC: hormigón en masa (*plain concrete*), RC: hormigón armado con malla de 5mm, SF: hormigón reforzado con fibras y SX: hormigón reforzado con 2 mallas de 0,5 mm. La última letra hace referencia al tipo de hormigón: R para hormigón de resistencia normal y H para hormigón de alta resistencia.

De nuevo se comprueba que el comportamiento balístico de las placas en las que se utiliza hormigón de alta resistencia es ligeramente mejor que las fabricadas con hormigón de resistencia normal.

Por otro lado, el tipo y cuantía del refuerzo tiene una influencia notable en la resistencia a impacto, los hormigones en masa presentan un comportamiento deficiente, mientras que los hormigones reforzados con fibras de acero son los que presentan mejor resistencia, probablemente porque reducen el problema del desconchado trasero ("*scabbing*") del hormigón.

Designación	Hormigón	Espesor (mm)	Velocidad impacto (m/s)	Observaciones
5 PC-R	En masa, normal	50	140	Perforación cráter 100 x 100 mm
5 PC-H	En masa, alta res.	50	145	Perforación cráter 60 x 95 mm
6 PC-R	En masa, normal	60	145	Blanco partido
6 PC-H	En masa, alta res.	60	144	Blanco partido
4 PC-R	En masa, normal	40	145	Perforación cráter 50 x 90 mm
4 PC-H	En masa, alta res.	40	142	Perforación cráter 100 x 130 mm
4 RC-R	Armado, normal	40	144	Perforación cráter 70 x 80 mm
4 RC-H	Armado, alta res.	40	143	Perforación cráter 70 x 70 mm
6 RC-R	Armado, normal	60	142	Penetración 40 mm
6 RC-H	Armado, alta res.	60	142	Penetración 33 mm
4 SF-R	Normal con fibras	40	144	Perforación cráter 60 x 70 mm
4 SF-H	Alta res. con fibras	40	143	Perforación cráter 60 x 70 mm
6 SF-R	Normal con fibras	60	138	Penetración 34 mm
6 SF-H	Alta res. con fibras	60	144	Penetración 30 mm
4 SX-R	Normal 2 mallas	40	145	Perforación cráter 60 x 90 mm
4 SX-H	Alta res. 2 mallas	40	145	Perforación cráter 120 x 180 mm
6 SX-R	Normal 2 mallas	60	145	Penetración 44 mm
6 SX-H	Alta res. 2 mallas	60	145	Penetración 35 mm

Tabla 20. Resultados de ensayos balísticos sobre placas de hormigón armado (Dancygier y colaboradores)

Designación	Hormigón	Espesor (mm)	Velocidad impacto (m/s)	Observaciones
4 RC-R	Normal, armado	40	85	Penetración 21 mm
4 RC-H	Alta res. armado	40	116	Perforación cráter 100 x 130 mm
4 SF-R	Normal con fibras	40	84	Penetración 18 mm
6 SF-R	Normal con fibras	60	130	Penetración 40 mm
4 SX-H	Alta res. 2 mallas	40	114	Perforación cráter 75 x 110 mm
5 SX-R	Normal 2 mallas	50	158	Perforación cráter 60 x 90 mm
5 SX-H	Alta res. 2 mallas	50	161	Perforación cráter 90 x 90 mm
5 SX-H	Alta res. 2 mallas	50	206	Placa partida
6 SX-R	Normal 2 mallas	60	185	Penetración 34 mm
6 SX-R	Normal 2 mallas	60	228	Placa partida

Tabla 21. Resultados balísticos de impacto sobre placas de hormigón (Dancygier y colaboradores)

En los experimentos publicados por Teng y colaboradores se utilizó un proyectil de acero de 400 mm de diámetro y 1,4 m de longitud total (incluida la punta cónica). Las velocidades de impacto utilizadas fueron 50, 100, 150 y 240 m/s y los blancos de hormigón armado de resistencia a compresión 140 MPa y espesores 600, 700 y 800 mm. Los resultados de los ensayos se resumen en la tabla 22.

Espesor (mm)	Velocidad V_s= 50 m/s	Residual tras V_s= 100 m/s	Perforación V_s= 150 m/s	(m/s) V_s= 240 m/s
600	0	0	79	167
700	0	0	0	79
800	0	0	0	0

Tabla 22. Resultados de ensayos balísticos sobre hormigón armado (Teng y colaboradores)

3.4 Conclusiones

Aunque los resultados experimentales publicados son dispersos y difícilmente comparables, pueden no obstante extraerse conclusiones interesantes.

- Como ya se ha indicado, el comportamiento balístico de placas de hormigón no se ve afectado de una forma significativa por la resistencia a compresión del hormigón. Hormigones de alta resistencia muestran una leve mejora de la protección frente a hormigones de resistencia normal.
- Por el contrario, el tipo de armado y la cuantía de armadura presentan notables diferencias en la capacidad de protección. Placas de hormigón armado con doble malla no muestran comportamientos balísticos mejores que el hormigón reforzado con fibras de acero.
- En cualquier caso, el diseño de protecciones balísticas de edificios e instalaciones fijas mediante barreras o muros de hormigón armado debe apoyarse en la simulación numérica utilizando programas basados en el método de los elementos finitos que han mostrado buen acuerdo con los resultados experimentales.

CAPÍTULO 4

MATERIALES CERÁMICOS

1. Introducción

Los materiales cerámicos constituyen una familia de materiales de tipo pétreo que tienen unas propiedades especiales, como son: un módulo elástico elevado, muy elevada resistencia a la compresión, permiten trabajar a muy elevadas temperaturas, y tienen un peso específico relativamente bajo, especialmente en comparación con los materiales metálicos. El problema que presentan estos materiales es una reducida resistencia a tracción y a flexión y muy baja tenacidad de fractura. Incluso aquellos materiales cerámicos avanzados que se les llama cerámicos tenaces siguen presentando una tenacidad de fractura baja por lo que en principio tienen pequeña resistencia a impacto, por lo que en principio no parecen buenos candidatos a ser usados como materiales de protección, ya que el impacto les provoca la fractura.

En las figuras 12 y 13 se recogen los intervalos de funcionamiento de un amplio número de materiales cerámicos tanto desde el punto de vista de la temperatura como de sus propiedades mecánicas. Como se ve en los gráficos entre los materiales cerámicos allí reflejados están algunos muy comunes como las alúminas, la circona, la cordierita, la mullita o la espinela, y otros materiales más avanzados como son el carburo de silicio, el nitruro de silicio, el diboruro de titanio, el carburo de boro, el nitruro de aluminio, el titanato de aluminio y el carburo de wolframio.

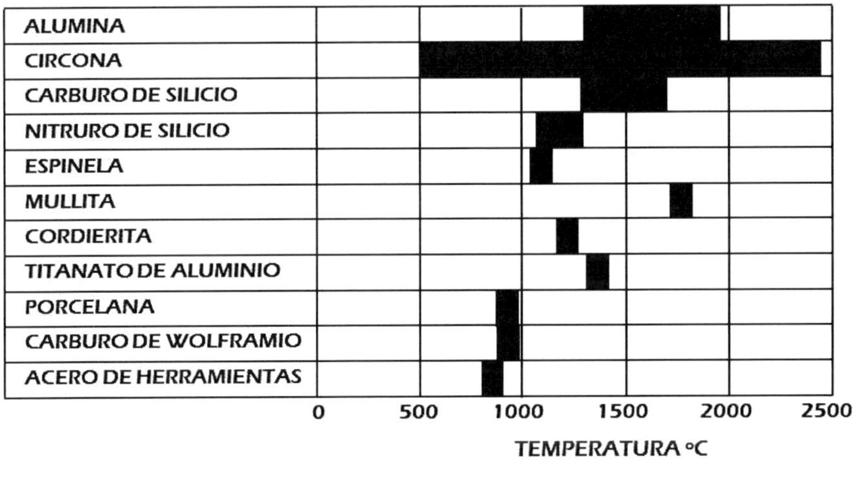

Figura 12. Intervalo de temperaturas de funcionamiento de cerámicos

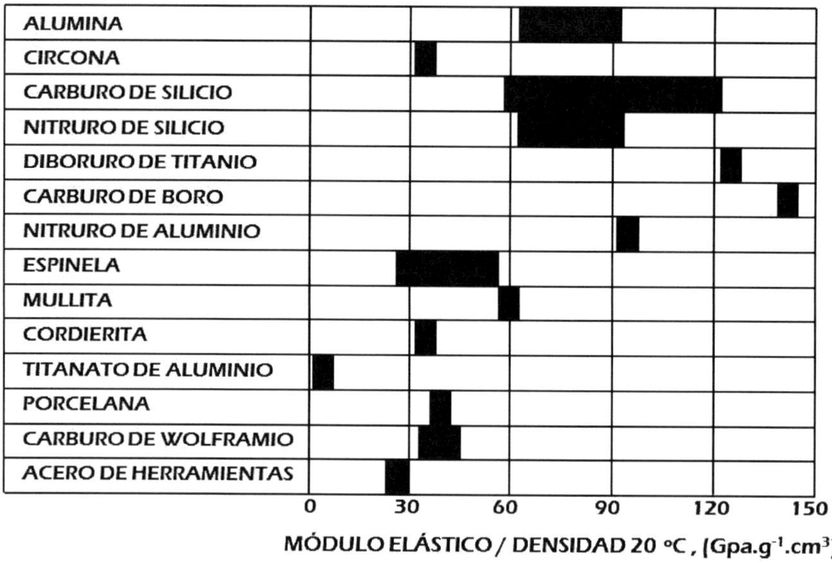

Figura 13. Intervalo de valores de módulo/densidad de cerámicos

Las especiales propiedades que hemos citado de los materiales cerámicos avanzados han conducido en los últimos años a su introducción en numerosas aplicaciones industriales. La tabla 23 muestra algunas de las aplicaciones industriales de estos materiales avanzados en diversas áreas de ingeniería, como se ve en la tabla, en motores, en turbinas, en aparatos o en máquinas de mecanización, matrices y en general en aquellas aplicaciones en las que se requieran materiales de alta resistencia al desgaste y que puedan trabajar a muy elevadas temperaturas. La tabla 24 muestra la comparación de propiedades entre ellos y con materiales tradicionales para reflejar una vez más la superioridad de los materiales cerámicos a altas temperaturas.

APLICACIÓN	VENTAJAS	MATERIAL
Motores diésel ligeros	Reducción 15% en consumo	Zirconias, Nitruros de silicio, Carburos de silicio, Alúminas, Titanatos de aluminio
Motores diésel pesados	Reducción 22% en consumo	Zirconias,Nitruros de silicio, Carburos de silicio, Alúminas,Titanatos de aluminio
Turbinas de gas para automóviles	Reducción 27% en consumo	Nitruros de silicio, Carburos de silicio
Mecanizado fundición gris	220% aumento en productividad	Nitruros de silicio (Sialones)
Matrices de extrusión para latón	200% aumento en productividad	Zirconias

Tabla 23. Ventajas de los cerámicos estructurales

Material	Resistencia 20 °C (MPa)	Resistencia 1095 °C (MPa)	Densidad (g/cm³)	Expansión Térmica ($x10^{-6}$ °C^{-1})	
				20 °C	1100 °C
Carburos de silicio	340-550	340-550	3.2	4.5	5.4
Nitruros de silicio	205-690	205-690	2.7-3.2	2.25	3.6
Circonas tenaces	345-620	150-400	5.8	3.6	7.2
Aceros (series 4100, 4300, 8600 y 5600)	1035-1380	No utilizable	7.8	10.8	14.4
Fundiciones	205-550	—	7.0-7.5	18.0	30.6
Aleaciones de aluminio	415-895	—	2.5	21.6	25.2

Tabla 24. Comparación de propiedades entre cerámicos estructurales y metales convencionales

A pesar del problema de la fragilidad, los valores tan elevados de rigidez específica antes mencionada es decir, módulo elástico dividido por densidad, de estos materiales hicieron pensar que podrían ser unos buenos candidatos para la producción de blindajes, especialmente cuando la munición desarrollada iba en la dirección de materiales muy penetrantes como pueden ser el wolframio o el uranio empobrecido ante los que, como ya hemos venido indicando, los blindajes tradicionales de acero eran poco eficaces. Desde los trabajos pioneros de Wilkins, a mediados de los años 60 del siglo XX, han sido numerosísimas las investigaciones que se han llevado a cabo para analizar la eficiencia balística de estos materiales cerámicos avanzados.

Desde un principio se encontró que la baja tenacidad de fractura de estos materiales provocaba la fragmentación inmediata, a los pocos milisengundos del impacto, del blanco por lo que el uso de un blanco o de un blindaje exclusivamente cerámico no funciona. El blindaje cerámico siempre va a exigir por lo tanto añadir una placa posterior de un material más dúctil y tenaz como puede ser un metal o un material compuesto que permita recoger al material cerámico fracturado tras el impacto. De esta manera se tiene lo que se llama un blindaje compuesto con una capa frontal de un material cerámico y capa posterior de un material más dúctil.

En la tabla 25 están recogidas algunas de las cerámicas tenaces que se utilizan o que se han utilizado en la producción de blindajes. La tabla recoge la densidad de estas cerámicas y algunas de las propiedades mecánicas más importantes.

Material	Densidad (g/cm^3)	Resistencia a compresión (MPa)	Resistencia a flexión (MPa)	Módulo elástico (GPa)
Al_2O_3	3.60-3.90	1980-4100	185-500	230-410
$Al_2O_3 + ZrO_2$	4.04	2700	400	335
AlN	3.26-3.28	2100-3500	350	315
B_4C	2.5	2200	400	400
SiC	3.18	3800	420	415
Si_3N_4	3.26	3000	600	290
TiB_2	4.45	2800	850	500

Tabla 25. Propiedades de cerámicas usadas como blindajes

4.2 Método de penetración residual para medir la eficiencia balística de un material cerámico (DOP "*Depth of Penetration*")

Como hemos dicho en el apartado anterior, los materiales cerámicos nunca se emplean en solitario como blindajes ya que requieren una placa posterior de un material dúctil.

Por lo tanto para poder discriminar entre distintos materiales cerámicos y establecer un *ranking* de eficiencia balística de estos materiales pronto se ideó un método en el cual se utiliza una placa del material cerámico a estudiar apoyada sobre un bloque de un metal, generalmente se usa o bien una aleación de aluminio o bien acero de blindajes. A ese dispositivo se le impacta con un proyectil, generalmente un proyectil cilíndrico de wolframio, a distintas velocidades y se mide la penetración residual en el bloque metálico trasero comparándolo con la penetración que tendría si no existiera la placa cerámica.

Esta medida de la penetración residual es la base para analizar la eficiencia del material cerámico. Lógicamente esa penetración va a depender del proyectil y de la velocidad de impacto. La penetración va a ser tanto mayor cuanto mayor sea la velocidad de impacto de tal manera que si se efectúan varios ensayos con distintas velocidades se puede establecer una correlación entre penetración residual en el bloque metálico frente a velocidad de impacto, de tal manera que podamos encontrar la velocidad para la cual la penetración residual en el límite fuese nula.

Estas penetraciones residuales se comparan con la penetración en el caso de que no haya material cerámico y se define la eficiencia como la diferencia entre penetraciones sin cerámica y penetraciones con cerámica para una determinada velocidad de impacto referenciadas al espesor de cerámica utilizada.

Esta definición de eficiencia basada exclusivamente en espesores no es correcta para comparar distintas cerámicas que tienen distintos pesos específicos puesto que muchas veces lo que interesa no es tanto el espesor de blindaje que se requiere como el peso del blindaje, por lo que generalmente en el cálculo de la eficiencia se multiplica la penetración residual por la densidad del material metálico empleado en la base y el espesor de la cerámica también multiplicado por su densidad. De esa manera tendríamos lo que se llama eficiencia másica. La eficiencia másica del material cerámico se define como la relación entre la penetración sin cerámica multiplicada por la densidad del metal base menos la penetración residual multiplicada por la densidad del metal base y dividido por el espesor de la placa cerámica multiplicado por su densidad. La eficiencia másica permite clasificar las distintas cerámicas no ya por el espesor como por el peso por unidad de superficie.

El análisis de la figura 14 (15) muestra que extrapolando las curvas de penetración residual hasta el eje de abscisas el espesor de la placa cerámica para la cual la penetración residual en la placa metálica trasera es nula. Sin embargo, no debe deducirse de ello que una placa cerámica de ese espesor permita detener el proyectil sin necesidad de una placa trasera. Como ya hemos indicado, los materiales cerámicos requieren la utilización de una placa trasera dúctil para ser utilizados como blindajes. En pocos microsegundos tras el impacto, la placa cerámica se fractura y la placa trasera retiene los fragmentos cerámicos durante la penetración del proyectil, permitiendo que éstos erosionen y deceleren el proyectil.

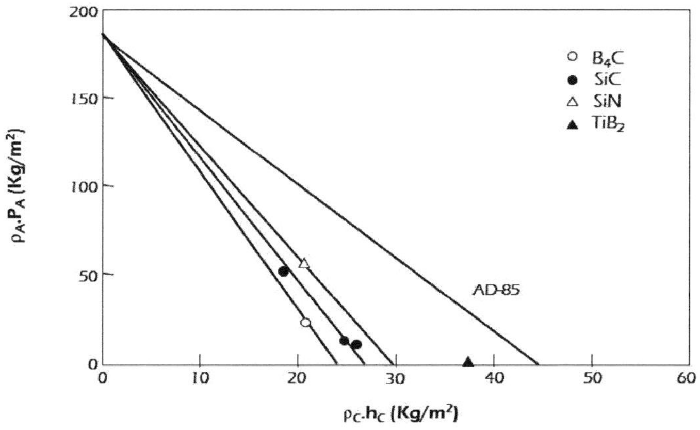

Figura 14. Penetración residual (multiplicada por la densidad del metal) frente a espesor de cerámica (multiplicada por su densidad)

Así pues, las curvas de penetración residual permiten clasificar distintos materiales cerámicos según su eficiencia balística tal como se muestra en la tabla 26 pero no dan información sobre el comportamiento balístico de un blindaje cerámica/metal frente a un proyectil concreto y tampoco permiten encontrar la combinación óptima de espesores de los materiales involucrados ya sea con criterios de espesor, peso o coste del blindaje.

Material	Proyectil 12,70 AP	Proyectil 14,5 AP
B^4C	7,8	8,3
SiC	6,9	7,0
SiN	6,2	5,7
TiB_2	5,05	5,2
AD85	4,2	3,5

Tabla 26. Eficiencia balística de cerámicas

4.3 Diseño de blindajes cerámica/metal

Como hemos indicado en el apartado anterior, los ensayos de penetración residual (DOP) permiten establecer un *ranking* de materiales cerámicos desde el punto de vista de su eficiencia balística, lo cual es útil cuando se trata de buscar el material más apropiado para una aplicación concreta.

Así por ejemplo el análisis de la tabla 26 muestra que tanto las alúminas como el carburo de silicio, como el carburo de boro tienen una eficiencia balística superior a la del acero de blindajes, siendo mayor la del carburo de boro que la del carburo de silicio y la de éste superior a la de las alúminas. El nitruro de silicio y el diboruro de titanio se encuentran en posición intermedia, pues su eficiencia en términos de espesores es buena pero no tanto la eficiencia másica, por ser cerámicas con mayor peso específico (ver tabla 25). En la tabla 26 se observa también que la eficiencia másica depende muy poco del proyectil utilizado en los ensayos.

Resumiendo, ante una amenaza definida, el primer paso para el diseño de la protección será la elección de la cerámica y del metal de base (acero, aluminio, titanio, etc.) más apropiados según criterios de espesor, peso o coste.

Así, para protección de vehículos ligeros (LAV, IFV) la combinación alúmina-aluminio aparece como la más apropiada, por tener un coste mucho menor que el de los otros materiales cerámicos y un peso aceptable. Para blindajes de carros de combate o chalecos antibala, el carburo de silicio suele ser más adecuado por tener mayor eficiencia másica que la alúmina lo que en definitiva reduce el peso del blindaje requerido. Finalmente, en protecciones de plataformas aéreas (cabinas de aviones, asientos de helicópteros) se usa el carburo de boro y como material de base *composites* de Kevlar o Spectra (ver capítulo 5) ya que esta combinación de materiales es la que proporciona la protección con el mínimo peso, si bien a un coste muy alto, que no sería rentable para protección de plataformas terrestres.

Otro aspecto importante a destacar en el diseño de blindajes con materiales cerámicos es la resistencia a multiimpactos. Como ya se ha reiterado, la placa cerámica se fractura pocos instantes después del impacto, siendo los fragmentos cerámicos los responsables de detener el proyectil, pero a costa de quedar destrozada la placa cerámica y por tanto con una resistencia balística muy deteriorada para poder afrontar un nuevo impacto. Por tal motivo, en blindajes cerámicos, se deben utilizar plaquetas ("*tiles*") de pequeño tamaño (usualmente entre 10 x 10 y 15 x 15 cm2) de manera que un impacto, que destroza una plaqueta deje sin embargo intactas a las plaquetas adyacentes y de esta forma el blindaje mantenga su capacidad de protección frente a impactos múltiples, salvo obviamente que dos disparos sucesivos impacten tan próximos que incidan sobre la misma plaqueta. Otra ventaja de utilizar un mosaico de plaquetas cerámicas de pequeño tamaño es la posibilidad de cubrir superficies con formas complejas como las que presenta el casco de un vehículo o el chaleco de un combatiente.

Una vez elegidos los materiales del blindaje, por ejemplo alúmina + aluminio, el diseño del blindaje frente a una amenaza concreta exige probar distintas combinaciones de espesores para determinar la combinación óptima de acuerdo con el criterio establecido. En esta etapa del diseño la simulación numérica juega un papel importante para reducir el tiempo y el coste del diseño. En efecto, un procedimiento de diseño puramente empírico, basado exclusivamente en pruebas de fuego, exige realizar un elevado número de pruebas, ya que para cada combinación de espesores se requiere realizar numerosas pruebas de fuego para obtener el límite balístico, que implica un tratamiento estadístico. De esta forma, la simulación numérica permite sustituir pruebas de fuego por simulación por ordenador y reducir drásticamente el número de ensayos balísticos que se limitan a una fase final de comprobación del comportamiento del diseño.

Llegados a este punto, es necesario enfatizar que, al igual que ya se indicó en el capítulo anterior, la simulación numérica de procesos de impacto balístico requiere para obtener resultados fiables, disponer de un elevado número de datos de los materiales involucrados. Para una correcta simulación se necesitan datos de propiedades físicas, densidad, coeficiente de dilatación térmica, calor específico, etc., que suelen estar disponibles y propiedades mecánicas, módulo elástico, límite elástico, resistencia a tracción y compresión, etc., que o están disponibles o son fáciles de obtener con un programa experimental de ensayos mecánicos relativamente sencillo. Sin embargo otros datos suelen faltar y son difíciles de obtener, especialmente con materiales menos tradicionales, como son los materiales cerámicos avanzados. En este grupo de datos se encuentran parámetros tales como la influencia de la velocidad de deformación sobre las propiedades mecánicas ("*strain rate factor*") el criterio de rotura y las propiedades mecánicas del material fracturado. En consecuencia, muchas veces es necesario recurrir a asignar valores a estos parámetros basados exclusivamente en la imaginación o experiencia del proyectista y ajustarlos posteriormente para que los resultados de las simulaciones numéricas concuerden con los resultados de pruebas de fuego reales.

Este procedimiento, aunque en principio podría pensarse que limita la capacidad predictiva de la simulación numérica, no resta aún así importancia a dicho método pues los parámetros así deducidos pueden posteriormente ser utilizados en numerosos diseños en los que se utilicen los mismos materiales en condiciones similares.

La figura 15 muestra un ejemplo de simulación numérica utilizando el programa comercial AUTODYN del impacto de un proyectil de 20 mm APDS (*Armour Piercing Discarding Sabot*) sobre un blindaje cerámica/aluminio. La cerámica es alúmina de 95% de pureza y la aleación de aluminio es 5083. La figura muestra asimismo radiografías del impacto obtenidas con rayos X durante una prueba de fuego real a efectos comparativos.

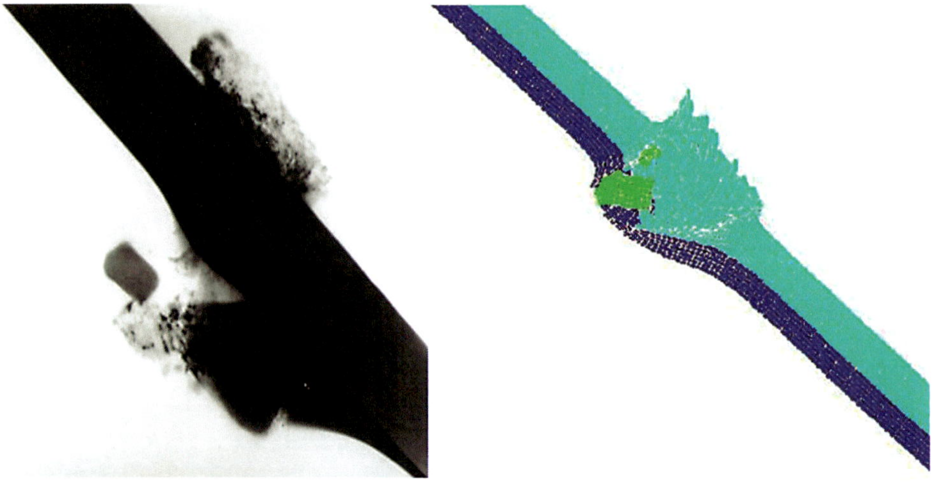

Figura 15. Simulación numérica de impacto de proyectil 20 mm APDS sobre blindaje alúmina/aluminio y radiografía del impacto

Puede comprobarse la buena concordancia conseguida entre los resultados numéricos y los experimentales. También se observa un hecho experimental muy interesante, el proyectil, aunque ha perforado completamente el blanco, queda muy erosionado y lo que es más importante, queda desestabilizado moviéndose con movimiento de rotación de eje normal a la dirección de impacto. Este resultado es de gran importancia cuando se emplean materiales cerámicos como blindajes *add-on*, pues es una muestra de la eficiencia de estos materiales en dicha aplicación, tal como se verá en un capítulo posterior.

4.4 Resultados experimentales de ensayos balísticos sobre blindajes cerámicos

Aún cuando la simulación numérica es la herramienta fundamental para el diseño de blindajes cerámicos, la disponibilidad de datos experimentales es muy conveniente para ajustar parámetros de la simulación de difícil obtención.

Se han publicado numerosos trabajos de investigación sobre pruebas balísticas de blindajes cerámicos, si bien muchas de las publicaciones ocultan datos concretos por razones de confidencialidad por lo que no son de utilidad y no se incluyen en esta publicación. Por otro lado, se observa una amplia información sobre ensayos con alúminas y en menor medida sobre carburo de silicio y nitruro de aluminio y apenas existe información sobre carburo de boro, que por su elevado coste ha sido objeto de pocas investigaciones y los resultados de las mismas, algunas del autor de este trabajo, están clasificadas y no pueden ser publicadas por el momento.

Briales y colaboradores (16) publicaron unos pocos resultados seleccionados de un extenso programa experimental de ensayos balísticos sobre blindajes cerámica/metal. Se ensayaron tres tipos de cerámica: alúmina de 95% de pureza (AD95), alúmina de 99,5% de pureza (AD99) y nitruro de aluminio (AlNi). La placa de base era de la aleación de aluminio 5083. El proyectil utilizado en los ensayos es el de 25 mm APDS de núcleo de wolframio con una longitud de 45 mm y una velocidad de impacto entre 1300 y 1325 m/s. La tabla 27 resume los resultados experimentales publicados.

Velocidad de impacto (m/s)	Blindaje	Velocidad residual (m/s)	Longitud residual (m)
1325	25 AlNi + 19 Al	1750	28
1309	20 AD95 + 19 Al	1100	42
1300	25 AD95 + 19 Al	1000	38

Tabla 27. Resultados experimentales de ensayos balísticos sobre blindajes de cerámica/aluminio. Proyectil 25 mm APDS

El estudio experimental fue muy completo, incluyendo radiografías de las pruebas a 4 tiempos del proceso de penetración, lo que permitió una comparación exhaustiva con la simulación numérica, no solamente en términos de velocidad y longitud residual del proyectil tras la perforación, sino también permitiendo la comparación de la deformación del blanco y la posición del proyectil en distintos instantes durante la perforación. Toda esta información es muy útil como ya hemos enfatizado para ajustar los modelos de los materiales para usar los programas de simulación numérica con fiabilidad.

La probada eficiencia de los materiales cerámicos avanzados frente a impacto de proyectiles de núcleo duro, ha impulsado numerosas investigaciones para encontrar blindajes resistentes al impacto de proyectiles de energía cinética (*APFS DS "Armour Piercing Fin Stabilized Discerding Sabot"*) cuya capacidad de penetración en blindajes monolíticos de acero sobrepasa las posibilidades de protección de plataformas terrestres.

El proceso de penetración de un proyectil APFSDS en un blindaje viene gobernado por las leyes de la hidrodinámica. La velocidad de impacto, superior a 1,5 km/s hace que los materiales involucrados (blanco y proyectil) se comporten como fluidos en los que el límite elástico dinámico del material juega un papel importante. Por ello los materiales cerámicos avanzados son buenos candidatos para erosionar y desestabilizar proyectiles de energía cinética. En las figuras 16 y 17 se presentan resultados de ensayos realizados con proyectiles cilíndricos de wolframio en el rango de velocidades típico de los proyectiles de energía cinética y relación longitud/diámetro 10 en impactos sobre alúmina/aluminio 6061T6 y nitruro de aluminio/aluminio. Las figuras representan la penetración normalizada (P/L) en relación a la longitud del proyectil frente a velocidad de impacto (17). Se observa que la profundidad de penetración para este rango de velocidades es menor en alúmina que en nitruro de aluminio, aunque obviamente mucho menos en ambos casos que la penetración en aluminio. Estos resultados, unidos al mayor coste del nitruro de aluminio, conducen a su práctico abandono como material para blindaje de plataformas terrestres frente a proyectiles de energía cinética.

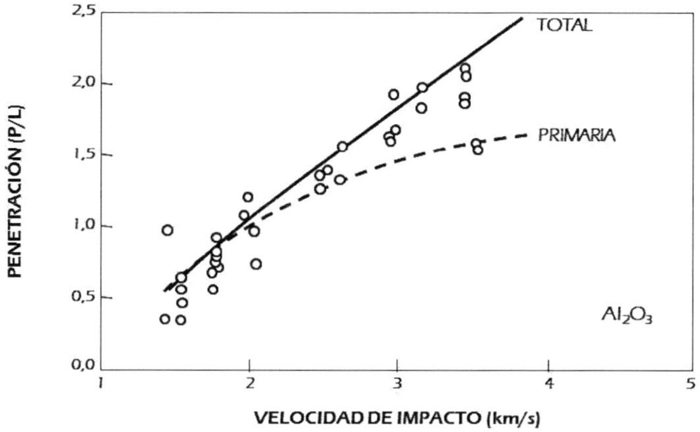

Figura 16. Penetración en alúmina frente a velocidad de impacto para proyectil de energía cinética

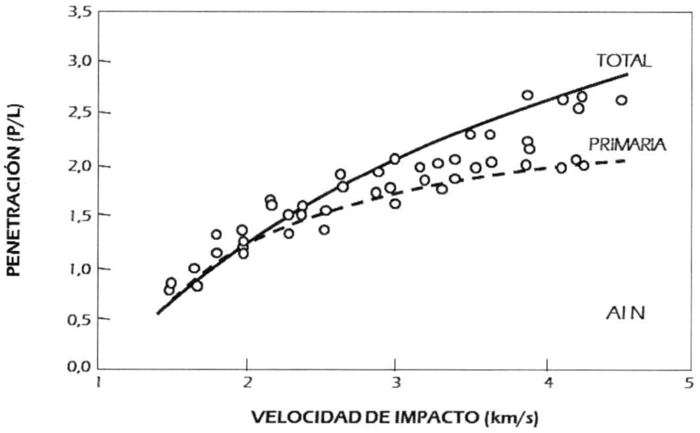

Figura 17. Penetración en AlNi frente a velocidad de impacto para proyectil de energía cinética

Anderson y colaboradores (18) publicaron los resultados de un programa experimental de ensayos de impacto de proyectiles cilíndricos de oro sobre blancos de SiC-N a velocidades de impacto superiores a 1 km/s. Se realizaron pruebas tanto sobre material intacto como sobre cerámicas previamente dañadas por shock térmico para analizar el comportamiento del material tras el impacto. Los resultados de los ensayos se presentan en la figura 18. En dicha figura se muestran velocidades de penetración en función de la velocidad de impacto.

A partir de los resultados mostrados se deduce con gran sencillez la penetración en SiC-N para una velocidad de impacto dada. En efecto, la penetración se obtiene multiplicando la velocidad de penetración por el tiempo que dura el proceso, y este tiempo se obtiene dividiendo la longitud del proyectil por la diferencia entre velocidad de impacto y velocidad de penetración.

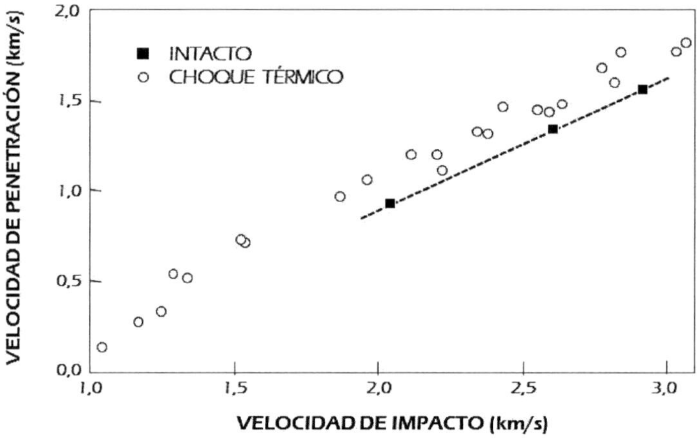

Figura 18. Penetración de proyectil de energía cinética en SiC

Finalmente, mostramos los resultados experimentales de ensayos publicados por Orphal y Frazen (19) sobre placas de SiC confinadas. Las figuras 19, 20, 21 y 22 muestran la velocidad de penetración, la velocidad de erosión del proyectil y la penetración en función de la velocidad de impacto siguiendo el proceso descrito.

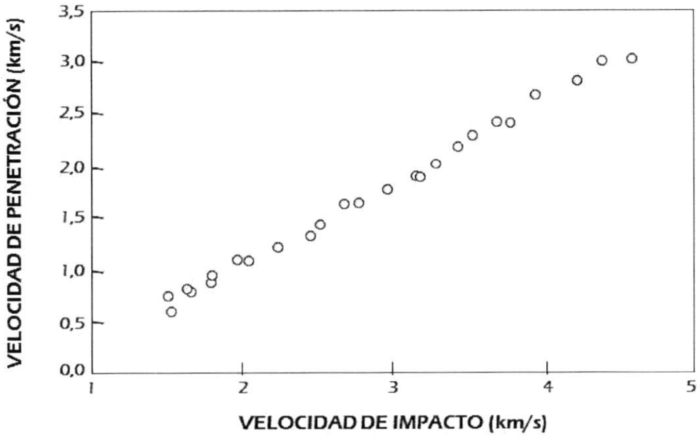

Figura 19. Velocidad de penetración en SiC en función de la velocidad de impacto para proyectil de energía cinética

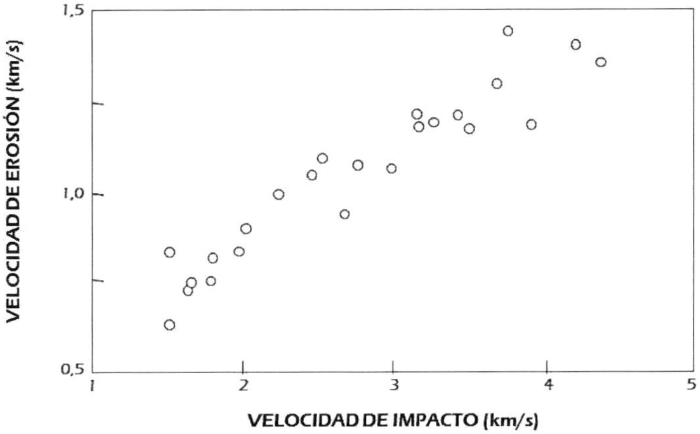

Figura 20. Velocidad de erosión en SiC en función de la velocidad de impacto para proyectil de energía cinética

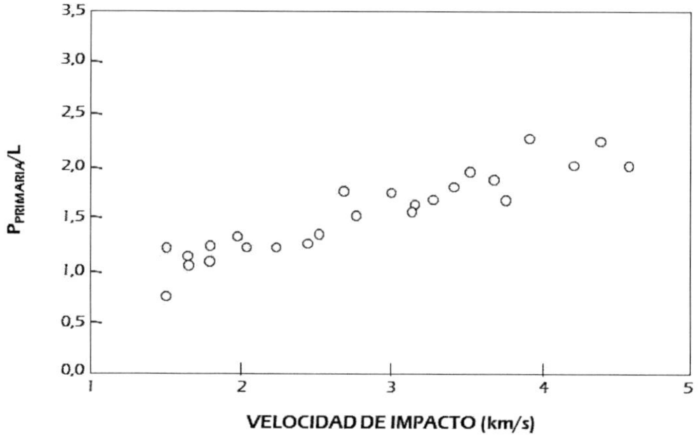

Figura 21. Penetración primaria en SiC en función de la velocidad de impacto para proyectil de energía cinética

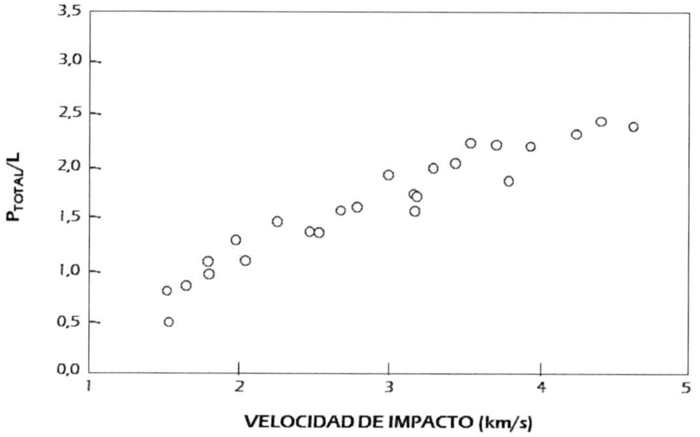

Figura 22. Penetración total en SiC en función de la velocidad de impacto

4.5 Conclusiones

La observación de los resultados experimentales mostrados refleja de nuevo las conclusiones ya inferidas por los ensayos de DOP. Los materiales cerámicos avanzados ofrecen una eficiencia balística muy superior a la de los materiales metálicos, si bien requieren la inclusión de una placa posterior de material dúctil que retenga los fragmentos cerámicos tras el impacto.

Los cerámicos aparecen como necesarios para proteger frente a impacto de proyectiles de energía cinética (proyectiles APFS DS) con velocidades de impacto del orden de 2 km/s o incluso superiores. En este rango de velocidades, las alúminas de alta pureza ofrecen buena eficiencia balística con un coste moderado; cuando se requiere una mayor eficiencia másica (menor peso) el carburo de silicio es el mejor candidato, aunque a un coste más elevado.

El carburo de boro es el material cerámico con mejores prestaciones balísticas, aunque su coste tan elevado limita sus aplicaciones a casos muy concretos que requieran poco material, como es el caso de los asientos de helicóptero.

CAPÍTULO 5
MATERIALES COMPUESTOS

5.1 Introducción

Los materiales compuestos también conocidos como *composites* son materiales obtenidos por la unión de dos materiales de características muy diferentes. El primero de ellos conocido como matriz constituye una fase continua y proporciona al material compuesto la necesaria cohesión, la matriz suele ser dúctil y moldeable. El segundo material, conocido como refuerzo, forma una fase dispersa, bien sea en forma de partículas o de fibras, suele ser un material mucho más resistente que la matriz aunque también más frágil. Proporciona al *composite* la resistencia y la dureza necesarias.

Así pues el material compuesto, a través de la unión íntima de fibra y matriz consigue unas propiedades que cada uno de los materiales constitutivos por separado no pueden obtener. La matriz da la cohesión, la ductilidad, la tenacidad y la capacidad de moldeo al material compuesto, mientras el refuerzo, generalmente las fibras, proporcionan resistencia a tracción, resistencia a impacto y al desgaste.

Los materiales compuestos se clasifican fundamentalmente por el tipo de matriz que emplean; así los más comunes son aquellos en los que la matriz es polimérica y de esa manera tendríamos polímeros reforzados, generalmente por fibras con lo que estos materiales se denominan FRP iniciales de la denominación inglesa "*Fibre Reinforced Polymers*". Aunque en menor medida también existen materiales de matriz metálica en este caso tendríamos los metales reforzados con fibras o FRM ("*Fibre Reinforced Metals*") y finalmente aunque con muy poca extensión, al menos de momento, también existen los materiales de matriz cerámica FRC ("*Fibre Reinforced Ceramics*"). Estos últimos son materiales de última generación en los que tendríamos una matriz cerámica reforzada con fibras generalmente también cerámicas con lo que se obtienen unos materiales de unas prestaciones muy elevadas y especialmente una capacidad de trabajo a muy altas temperaturas son estos los materiales que permiten trabajar a más altas temperaturas de los que existen ahora mismo en la ingeniería de materiales, si bien lógicamente a unos costes tan elevados que hacen que de momento no se hayan utilizado de una forma comercial.

Por todo lo antedicho se entiende que la mayoría de los materiales que entendemos como *composites* son aquéllos en los que la matriz es un polímero reforzado generalmente por fibras. Las matrices más utilizadas en protecciones balísticas son las de poliéster o viniléster; en cuanto a fibras hay de distintos tipos generalmente son de polietileno, polipropileno, vidrio, aramida, carbono y en menor medida otras fibras como sisal o celulosa, nailon, etc.

En la figura 23 se presentan algunos de los *composites* más utilizados en ingeniería con el rango de temperaturas de uso. Puede observarse en la figura que los materiales poliméricos reforzados con fibras no permiten trabajar a elevadas temperaturas, normalmente por encima de unos 200 °C se degradan tal como le sucede en general a todos los materiales poliméricos.

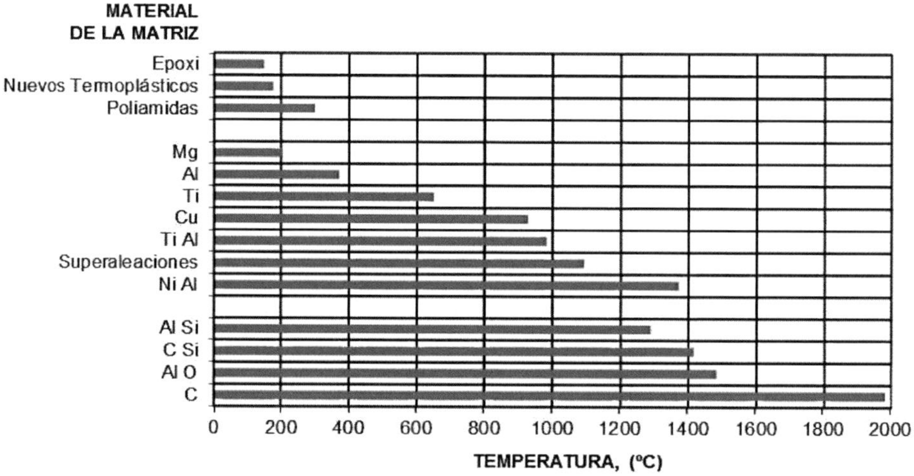

Figura 23. Rango de temperatura de utilización de materiales compuestos

Una característica a destacar de los polímeros reforzados con fibras es su reducido peso específico, por lo que desde hace ya muchos años se mostraron como muy atractivos para la fabricación de protecciones en las que el peso sea un factor muy importante. Así se utilizan desde parachoques de vehículos, tanto automóviles como motocicletas, como para la fabricación de cascos de motoristas, y de chalecos antibala.

Así pues por lo que respecta a su utilización en el sector de la Defensa ya vemos que los polímeros reforzados con fibras son atractivos para la producción de elementos de protección de personas, ya sea en la fabricación de cascos, como en la producción de chalecos antibala.

La evolución del casco del combatiente ha sido muy curiosa en los últimos cien años. Hasta bien entrado el siglo XX el casco había sufrido muy pocas variaciones desde que los griegos sustituyeron el casco de bronce por el de hierro. A principios del siglo XX (ver figura 24) se utiliza el famoso casco tipo plato que llevaban los ingleses en la Primera Guerra Mundial, pues lo que pretendían era proteger al combatiente de los fragmentos procedentes de la explosión de las cabezas de guerra. Hasta la II Guerra Mundial se cambió a un casco de tipo olla que protegía al combatiente ya no solamente de fragmentos procedentes de cabezas de guerra como del disparo directo de fusiles y armas cortas. Pero hasta bien entrada la segunda mitad del siglo XX el casco continuaba siendo de acero, por lo tanto muy pesado e incómodo para el combatiente y por otro lado poco efectivo frente a disparos de proyectiles más penetrantes como son los proyectiles de núcleo duro.

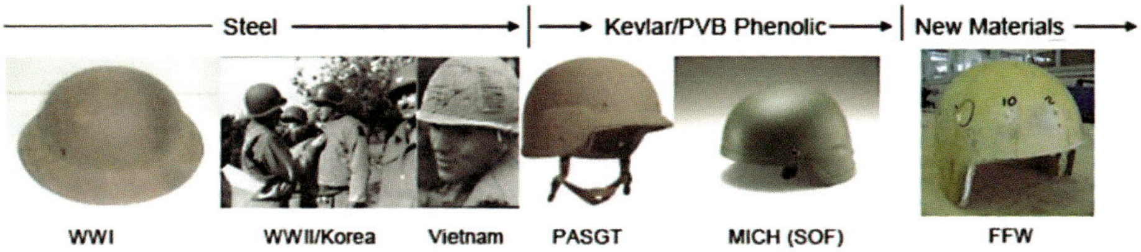

Figura 24. Evolución del casco en el siglo XX

La evolución del chaleco antibala es similar. Es bien conocido que desde la antigüedad la armadura ha sido de acero aunque para protecciones más ligeras se utilizaban otros materiales del estilo del cuero, para lograr mayor flexibilidad y evitar el excesivo peso de la armadura de acero. Estas armaduras que pueden verse en museos en los que se exhiben cascos, corazas y armaduras de los siglos medievales y de la Edad Moderna.

A mediados del siglo XX tanto el casco como el chaleco pasan a fabricarse con polímeros reforzados con fibras. El descubrimiento de la fibra de aramida, conocida con su nombre comercial de Kevlar supuso una verdadera revolución en la fabricación de protecciones para personas. El casco empezó a fabricarse con poliéster reforzado con fibra de vidrio primero y de Kevlar posteriormente, mientras que los chalecos antibala también se fabricaron con un tejido de Kevlar (ver figura 25).

Hay que destacar que el tejido de Kevlar resulta muy efectivo para detener munición de tipo bala o fragmentos. La bala vuela con un movimiento de rotación en torno a su eje para mantener la estabilidad de la trayectoria. Este movimiento de rotación al incidir la bala sobre el tejido de Kevlar provoca un enmarañamiento de las fibras alrededor de la bala y facilita su detención.

Sin embargo el tejido de Kevlar es muy poco efectivo frente a proyectiles de núcleo duro, pues aunque la cubierta de latón del núcleo queda detenido por la maraña de fibras el núcleo penetra entre las fibras puesto que sigue una trayectoria recta y o bien las penetra apartándolas unas de las otras o bien simplemente las corta con un efecto cizalla. Este hecho ha conducido a que los chalecos antibala y los cascos, cuando se requiere protección frente a los modernos proyectiles de núcleo duro exijan situar por delante del *composite* una placa de un material duro que erosione el núcleo o lo deforme adoptando en este caso una clásica forma de seta (*mushrooming*) que es ya mucho menos efectiva para penetrar en el *composite*.

5.2 Materiales compuestos para la protección balística

De acuerdo con lo que hemos expresado en el apartado anterior los materiales compuestos pueden utilizarse para la producción de blindajes de dos maneras distintas:

a) Como blindaje principal en aquellas aplicaciones en las que no se requiere una protección muy elevada y en cambio es muy importante el peso del blindaje. Tal es el caso de chalecos ligeros y cascos que protegen al combatiente frente a impacto de munición tipo bala o fragmentos.

b) Como placa posterior de un blindaje capaz de proteger personas y plataformas frente a impactos de gran poder de penetración, en este caso el material compuesto actúa bien sea como sistema de sujeción de fragmentos cerámicos, en el caso de que la placa frontal sea de un material cerámico o bien sea como *liner* para retener metralla procedente de la perforación del blindaje principal en el caso de blindajes de acero o de otros materiales de alta dureza.

5.3 Blindajes en materiales compuestos

Como hemos indicado los materiales compuestos utilizados como blindaje principal se emplean exclusivamente para protección de personas frente a impactos de munición de bajo calibre de armas cortas o fragmentos.

Desde la aparición de fibras de alto módulo y alta resistencia se pensó en la utilización de estas fibras para la fabricación de chalecos antibala y cascos para protección del combatiente en sustitución de los cascos de acero empleados hasta mediados del siglo XX.

Al principio se utilizaron fibras de vidrio y de nailon. El descubrimiento de la fibra de aramida (comercialmente conocida como Kevlar) por la empresa suiza DuPont supuso una revolución en el diseño de protecciones con materiales compuestos.

Kevlar es el nombre comercial de la empresa DuPont para la fibra de aramida, mientras Twaron es el nombre comercial de dicha fibra por la empresa Teijin Aramid Co. Presenta unas propiedades excepcionales de resistencia a impacto, alto módulo y alta resistencia a tracción, gran estabilidad y reducido coeficiente de dilatación. Por tal motivo desde el principio se empleó para la fabricación de protecciones ligeras (chalecos y cascos) para la protección frente a impacto de munición de armas cortas.

Al principio se empleó en la forma de tejidos utilizándola como blindajes flexibles. Sin embargo el problema de los tejidos es la excesiva deformación que presentan frente al impacto de una bala, el denominado trauma, es decir una deformación muy grande del blindaje que ocasiona un daño al cuerpo del combatiente. Por tal motivo pronto se utilizó el tejido de fibra de aramida como refuerzo de materiales poliméricos, fundamentalmente poliéster o viniléster, de tal manera que se tiene un blindaje rígido en el que el polímero simplemente proporciona la cohesión y reduce drásticamente el trauma.

En estos blindajes rígidos de poliéster o viniléster reforzados con fibra de aramida la resistencia a impacto la ofrece casi con exclusividad la fibra, de tal manera que la matriz polimérica apenas contribuye a la resistencia a impacto. En pocos instantes tras el impacto, la matriz se fisura, las distintas capas del laminado se deslaminan y es el tejido el único responsable de detener al proyectil, sin embargo como hemos dicho reduce drásticamente el trauma, por lo que en estos momentos siempre se utilizan en blindajes de materiales compuestos el material polimérico reforzado con fibras.

Posteriormente se han ido desarrollando nuevas fibras de aramida que han ido mejorando la capacidad de protección de los primitivos diseños. Así por ejemplo el Kevlar-29 considerado como el de mayor capacidad de protección de la familia se ve superado por el Kevlar KM2. Por su parte, el Twaron 1000 y el Twaron 2040 son los que ofrecen mayores prestaciones de la otra familia, presenta mejores propiedades que el Kevlar-49 usado anteriormente.

La aparición de la fibra de polietileno cristalino supuso una nueva revolución en el diseño de blindajes con materiales compuestos. Esta fibra conocida comercialmente como Spectra comercializada por la empresa Honeywell o Dyneema, desarrollada por la empresa holandesa DSM ofrece unas prestaciones balísticas superiores a la fibra de aramida.

La tabla 28 resume algunas propiedades físicas y mecánicas de fibras utilizadas para protección balística.

Fibra	Densidad (g/cm^3)	Módulo (GPa)	Tensión de rotura (MPa)	Alargamiento	Temperatura de descomposición (°C)
Kevlar 29	1,44	70,5	2920	3,6	5.4
Kevlar 49	1,44	112,4	3000	2,4	3.6
Vidrio S	2,49	85,3	4580	5,4	7.2
Vidrio E	2,55	72,3	3440	4,8	14.4
Nylon	1,16	5,5	985	18,3	30.6
Poliéster	1,38	13,8	1160	14,5	25.2
HS Carbono	1,80	220,0	3100	1,4	
HS Polietileno	0,97	117,0	2580	3,5	

Tabla 28. Propiedades físicas y mecánicas de diversas fibras

Como puede comprenderse analizando los datos de la tabla 28, en la actualidad, los cascos y chalecos ligeros se fabrican con laminados de distintas capas de material compuesto. El refuerzo puede ser tejido o fibras unidireccionales de aramida o de polietileno cristalino de última generación, con una matriz polimérica, que proporciona la rigidez necesaria. Dado que la matriz apenas contribuye a la resistencia balística, el contenido en fibras de estos blindajes es muy alto, típicamente por encima del 80% en volumen. En la figura 25 se muestra un esquema del proceso de fabricación de cascos de última generación.

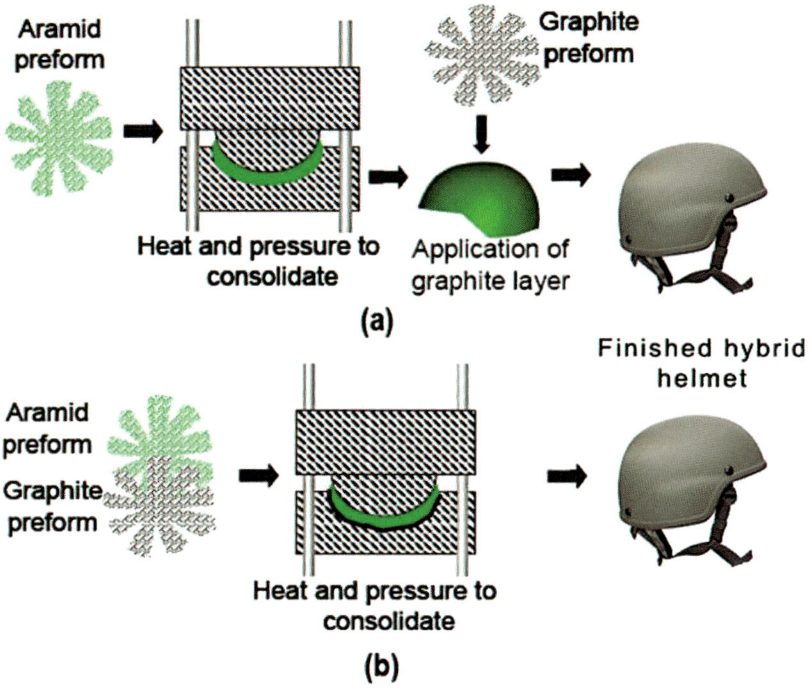

Figura 25. Método de producción de modernos cascos

Por lo que respecta a propiedades dinámicas del material compuesto, Chocrón y colaboradores (20) llevaron a cabo un amplio estudio experimental sobre 5 *composites* utilizados en protección balística. La tabla 29 resume la descripción de los materiales compuestos ensayados. La figura 26 resume los resultados obtenidos en forma de resistencia a tracción del *composite* en función de la velocidad de deformación aplicada. Se observa que a medida que aumenta la velocidad de deformación crece la resistencia del material, siendo muy notorio el aumento para los *composites* reforzados con fibra de polietileno, para el que la tensión de rotura dinámica es un 60% mayor que la estática.

Material	Matriz	Fibra	Tipo	Contenido de fibra (%)
A/PP	Polipropileno	Aramida	Tejido	76
A/PET1	Tereftalato de polietileno	Aramida	Tejido	81
A/PET2	Tereftalato de polietileno	Aramida	Tejido	67
SK/66	Polietileno	Polietileno	Tejido	-
UD/66	Polietileno	Polietileno	Unidireccional	-

Tabla 29. Materiales compuestos ensayados por Chocrón y colaboradores (20)

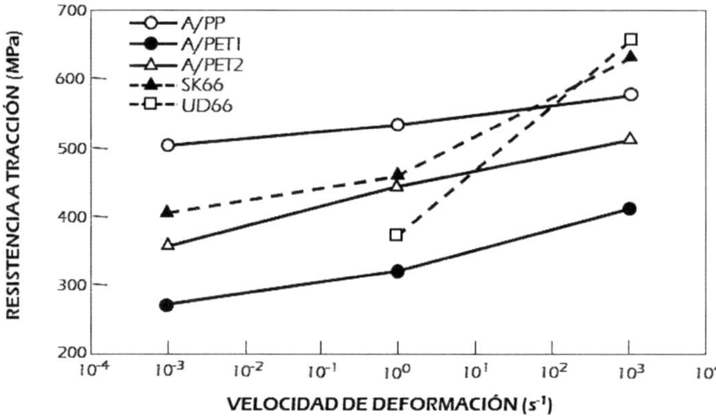

Figura 26. Resistencia a tracción de materiales compuestos en función de la velocidad de deformación

El análisis de los datos reflejados en la tabla 28 y de la figura confirman la superioridad de las fibras de aramida y de polietileno frente a otras fibras (vidrio, nailon, etc.) para aplicaciones balísticas.

El diseño de una protección (chaleco o casco) frente a una amenaza determinada (bala o fragmento) suele llevarse a cabo casi exclusivamente por procedimientos empíricos, es decir mediante pruebas de fuego. El gran número de variables que afectan al proceso de penetración de proyectiles en materiales compuestos implica una gran dificultad para encontrar modelos analíticos o numéricos fiables. Aunque existen varios modelos analíticos, como los de Cunniff, Roylance, Parga o Chocrón (21, 22, 23, 24), su utilización para el diseño de protecciones reales no se ha extendido y su interés radica fundamentalmente en proporcionar ideas sobre los mecanismos físicos que gobiernan el proceso.

Por lo que respecta a la simulación numérica las dificultades que entraña una correcta modelización del material, indicadas en el capítulo anterior, se agravan por cuanto los *composites* son materiales heterogéneos (dos fases) y anisótropos. Por tal motivo, aunque se han realizado numerosas investigaciones sobre simulación numérica de impactos sobre materiales compuestos la realidad es que su capacidad predictiva es todavía limitada.

Por todo ello, y considerando que las pruebas de fuego con armas de pequeño calibre o fragmentos no son muy costosas y no requieren galerías de tiro de gran capacidad, el diseño de blindajes con materiales compuestos se realiza fundamentalmente por métodos empíricos como ya habíamos adelantado.

Ahora bien, la relativa sencillez de las pruebas balísticas de blindajes de materiales compuestos implica a su vez que las empresas y centros que desarrollan y comercializan estas protecciones son celosos de sus datos y muy pocos los hacen públicos. Una notable excepción constituyen los trabajos tanto teóricos como experimentales llevados a cabo por Cunniff (21) sobre impacto de proyectiles que simulan fragmentos (FSP) de distintos calibres sobre tejidos, (no *composites*) de Kevlar 29 de distintos espesores.

Las figuras 27, 28 y 29 resumen los resultados obtenidos mostrando velocidad residual tras la perforación frente a velocidad de impacto para FSP de 4 grain, 16 grain y 64 grain (0,26 gramos, 1,04 gramos y 4,15 gramos respectivamente). Los tejidos eran de 8, 16, 18 y 22 capas de 0,28 kg/m² cada una.

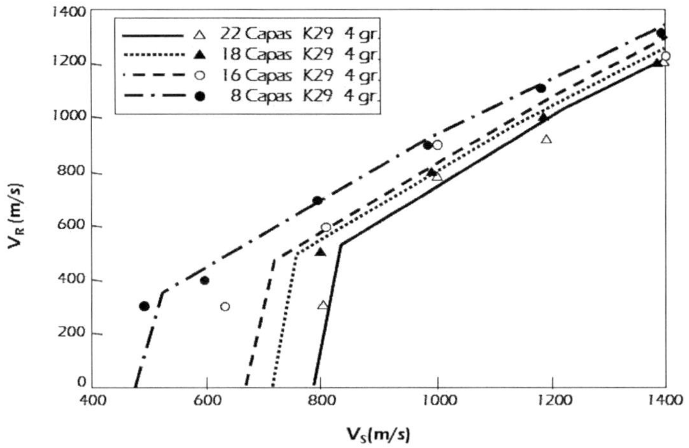

Figura 27. Impacto sobre tejido de Kevlar 29. Proyectil de 4 grain

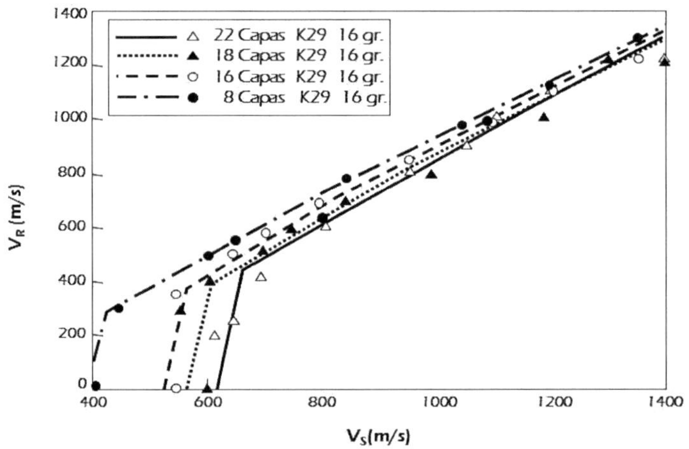

Figura 28. Impacto sobre tejido de Kevlar 29. Proyectil de 16 grain

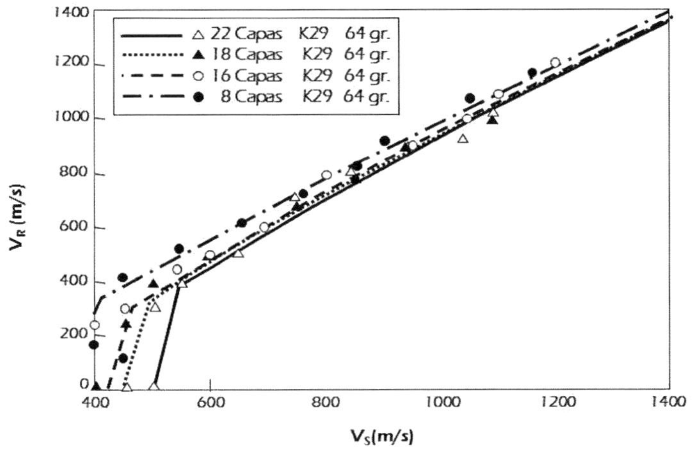

Figura 29. Impacto sobre tejido de Kevlar 29. Proyectil de 64 grain

De dichas figuras se deduce asimismo el límite balístico (velocidad mínima para perforación del tejido) para cada proyectil y cada blanco empleados, que se resume en la tabla 30.

Blanco Kevlar 29	Proyectil 12,70 AP	Proyectil 14,5 AP
8 capas	4	450
	16	400
	64	350
16 capas	4	600
	16	500
	64	450
22 capas	4	700
	16	600
	64	500

Tabla 30. Límite balístico para FSP de distintos calibres y tejido de Kevlar 29 de distintas capas

Tan y colaboradores (25) publicaron los resultados de un estudio experimental sobre comportamiento balístico de tejido de Twaron. Se realizaron pruebas de fuego con proyectiles de 12,6 mm de diámetro y 15 g de masa; con 4 tipos de cabeza: semiesférica, plana, ojival y cónica

(30⁰ de ángulo de cono). El blanco estaba formado por una sola capa de tejido de Twaron CT716 con un peso superficial de 280 g/m^2. Los resultados obtenidos se muestran en la figura 30 en forma de velocidad residual tras la perforación en función de la velocidad de impacto. La figura muestra que los resultados son prácticamente idénticos para los 4 tipos de cabeza del proyectil utilizados. Ahora bien, el límite balístico se reduce desde 159 m/s para cabeza semiesférica a 59 m/s para cabeza cónica pasando por 100 m/s y 76 m/s para cabeza plana y ojival respectivamente. Estos datos confirman que el tejido es poco eficaz para evitar la perforación ante proyectiles puntiagudos.

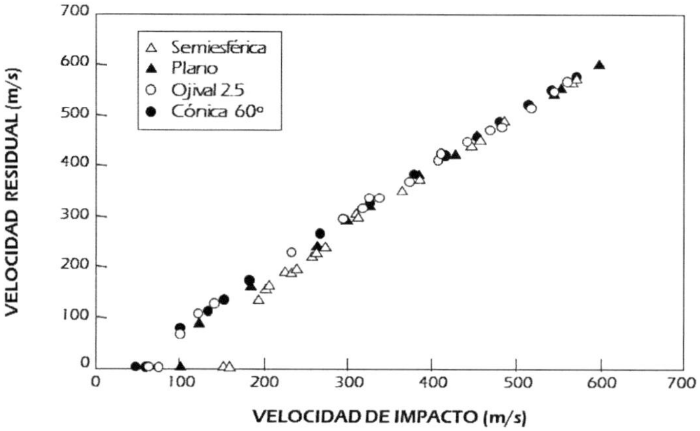

Figura 30. Resultados experimentales de impacto sobre tejido de Twaron

Gower y colaboradores (26) publicaron los resultados de una investigación sobre comportamiento balístico de paneles de material compuesto reforzado con tejido de Kevlar 29 y Kevlar 129. La matriz empleada es 50% polivinilbutiral (PVB) y 50% fenilformaldehido con un contenido del 18% en volumen.

Se ensayaron paneles de 19 capas con un espesor de 9,5 mm, tanto de Kevlar 29 como de Kevlar 129 y paneles con 37 capas (18,5 mm de espesor) de Kevlar 129. Se utilizaron dos tipos de proyectiles, ambos de acero AISI4340 de 40 mm de longitud uno de ellos de 9 mm de diámetro y cabeza semiesférica y el otro con un diámetro de 7,56 mm y punta cónica de 120°.

Se realizaron pruebas de fuego con velocidades de impacto inferiores al límite balístico para analizar la influencia de los materiales empleados en la protección sobre el trauma durante el impacto. Como ya hemos indicado, para protecciones personales, el trauma (con denominación inglesa BFS "*Back Face Signature*") es un parámetro tan importante como la resistencia a la perforación, por cuanto una protección que evite la perforación a costa de un elevado BFS puede suponer un gran daño al combatiente.

Los resultados obtenidos por Gower y colaboradores se resumen en la figura 31 donde se representa el trauma (BFS) en función de la velocidad de impacto y en función de la energía de impacto para los dos tipos de proyectil utilizados y los distintos tipos de blanco compuesto. La figura muestra de nuevo que el proyectil de punta cónica provoca una deformación del blindaje similar a la que ocasiona el proyectil de punta semiesférica. Por otro lado el comportamiento de la fibra K29 es similar al de la fibra K129, observándose ligeras diferencias dependiendo de la velocidad de impacto. Obviamente, el panel de mayor espesor fue el que ofreció menores valores de trauma.

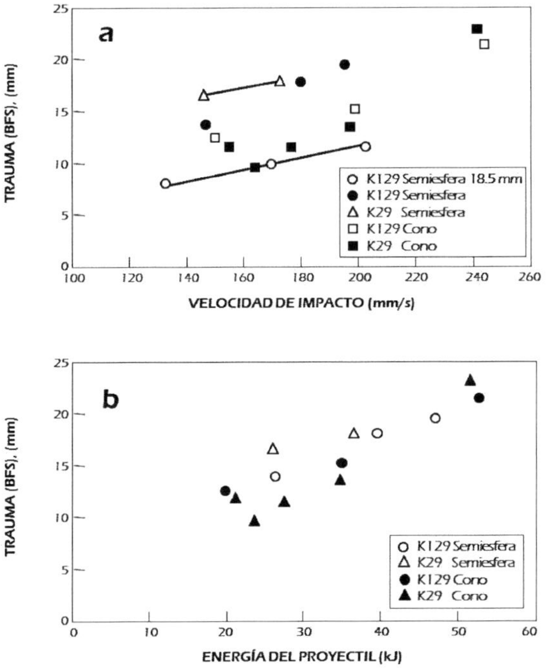

Figura 31.
Resultados empíricos de impacto sobre *composites* de Kevlar 29 y Kevlar 129

Van Gorp y colaboradores (27) realizaron un amplio programa experimental de ensayos balísticos sobre tejido (no *composite*) de Dyneema SK66 utilizando como proyectiles FSP de varios calibres. Aunque los resultados obtenidos son confidenciales, dedujo una expresión empírica del límite balístico muy útil para el diseño de protecciones con tejido de polietileno. La expresión deducida es:

$$V_{50} = 232\delta^{0,5}w^{-1/6}$$

donde V_{50} es el límite balístico en m/s, δ el peso superficial del tejido en kg/m^2 y w la masa del proyectil en gramos.

Como ejemplo de uso de la fórmula anterior, la figura 32 muestra una gráfica de límite balístico frente a peso superficial de la protección para un proyectil FSP de 1,1 gramos (16 grain). La figura incluye también los resultados del modelo analítico de Chocrón y colaboradores (24) mostrando el buen acuerdo con los resultados experimentales de van Gorp.

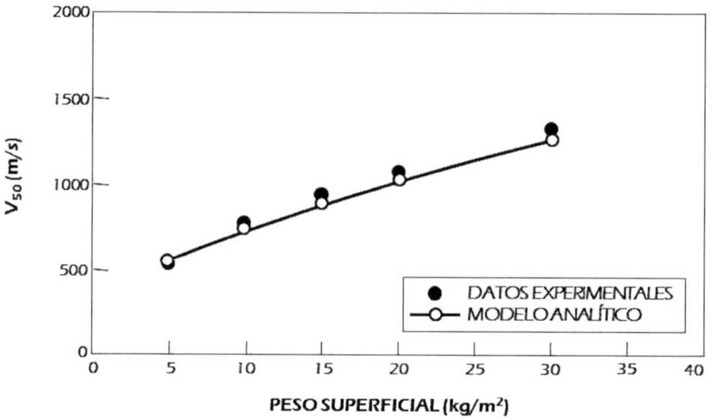

Figura 32. Impacto sobre tejido de Dyneema. Proyectil de 16 grain y resultados analíticos del modelo de Chocrón y colaboradores

El análisis de esta figura y su comparación con los resultados obtenidos por Cunniff con tejido de Kevlar 29 muestra que el tejido de polietileno cristalino (Dyneema) presenta una eficiencia balística superior al de aramida (Kevlar) en parte gracias a su menor densidad.

5.4 Materiales compuestos como blindajes secundarios

Como ya hemos indicado, los materiales compuestos se emplean dentro del sector de protección balística principalmente como elementos secundarios de los denominados blindajes compuestos. En estos casos la función del *composite* es doble: por un lado sirve de soporte y contención del blindaje principal, por ejemplo en el caso de blindajes cerámicos, y por otra parte actúa como *liner* para suprimir o reducir la metralla procedente de la fragmentación o "*spalling*" del blindaje principal. En ambos casos, la capa de *composite* se sitúa en la cara posterior del blindaje compuesto, actuando por tanto como barrera última a la perforación.

Así, los materiales compuestos se usan casi en exclusiva para la producción de chalecos antibala de última generación resistentes a impacto de proyectiles de núcleo duro. En este caso, la protección se configura con una placa de material cerámico (alúmina o carburo de silicio, por lo general) con una capa posterior de un laminado de fibras de aramida o polietileno.

Este blindaje ofrece protección al combatiente también frente al ataque con armas blancas, para las que el tejido presenta escasa eficiencia.

En la figura 33 se muestran resultados tanto analíticos (modelo de Chocrón y Sánchez Gálvez (28)) como numéricos (simulación con AUTODYN) y experimentales de límite balístico frente a peso superficial optimizado de blindajes de alúmina/Kevlar 29 frente a tres proyectiles de núcleo duro: 7,62 AP, 12,70 AP y 14,5 API. El buen acuerdo entre resultados experimentales y modelización analítica permite suponer que este modelo puede ser útil para el diseño de estas protecciones.

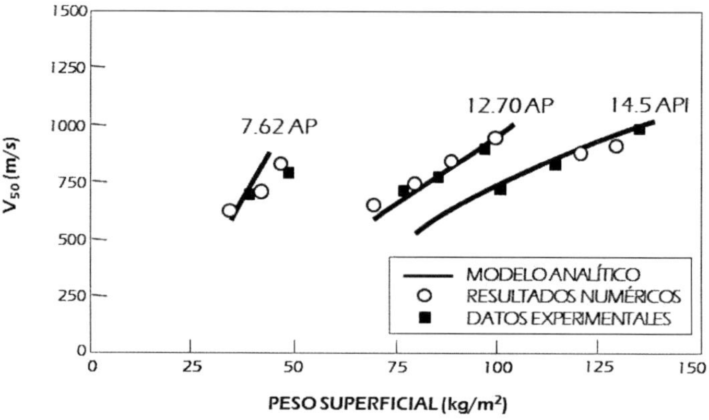

Figura 33. Límite balístico frente a peso superficial de blindaje alúmina/Kevlar para 3 proyectiles de núcleo duro. Resultados experimentales y analíticos

En el caso de asientos de helicóptero, la exigencia de reducir el peso de la protección al mínimo lleva al empleo de carburo de boro como placa frontal con Kevlar o Dyneema como placa trasera. El elevado coste de esta cerámica implica la reducción al mínimo del material utilizado y la nula existencia de datos experimentales publicados.

Finalmente, el empleo de *composites* como "*liners*" para contención de metralla se ha extendido hasta el punto de que la mayoría de plataformas terrestres incorporan estos *liners* en el interior del vehículo. Numerosas investigaciones muestran que la inclusión de un *liner* de tejido de aramida o de polietileno reduce drásticamente el número, velocidad y ángulo de dispersión de los fragmentos ocasionados por la destrucción del blindaje del vehículo por un impacto o una explosión.

CAPÍTULO 6

BLINDAJES *ADD-ON*

6.1 Introducción

El despliegue de tropas de paz en áreas de conflicto (Irak, Líbano, Afganistán), ha supuesto el enfrentamiento de los ejércitos de países occidentales ante amenazas diferentes de aquéllas para las que estaban diseñados los blindajes de plataformas terrestres (IEDs "*Improvised Explosive Devices*"). De hecho, la mayoría de las bajas de las fuerzas de paz en áreas de conflicto las producen estas amenazas. Los blindajes de los vehículos militares, fundamentalmente los medios de transporte y vehículos ligeros, no están preparados para afrontar este tipo de amenazas. Por tal motivo, desde hace ya varios años, se ha comprendido que era necesario mejorar el blindaje de estos vehículos en áreas de conflicto. Sin embargo el incremento del blindaje supone a su vez un alto incremento en el peso y por lo tanto una reducción en la movilidad de los vehículos, por lo que el concepto de blindaje *add-on* se abre paso como una solución para proteger o mejorar la protección de vehículos ligeros en áreas de conflicto manteniendo sin embargo, la mayor facilidad de su transporte (por ejemplo, mediante helicóptero) cuando no se encuentran en situación de riesgo.

La idea consiste en disponer paquetes o kits que se instalan sobre el casco del vehículo cuando éste se encuentra ya en la zona de riesgo, de tal manera que cuando el vehículo circula por áreas de conflicto va bien protegido aunque su movilidad sea más reducida, pero hasta llegar a esa zona el transporte es mucho más sencillo y económico puesto que el vehículo tiene un menor peso.

Las ventajas de los blindajes *add-on* frente a blindajes monolíticos son además muy importantes. En primer lugar el montaje es muy sencillo y lo pueden llevar a cabo los propios ocupantes, pues generalmente va simplemente atornillado sobre el casco del vehículo. Además en caso de un impacto que dañe al blindaje *add-on* es muy fácil desmontar el blindaje destruido y sustituirlo por un nuevo kit, en muy poco tiempo el vehículo está de nuevo operativo.

El diseño de blindajes *add-on* se lleva a cabo con el fin no tanto de evitar su perforación por el proyectil, sino sencillamente mantener el blindaje propio del vehículo lo menos dañado posible, es decir el blindaje *add-on* se diseña para que sea destruido ante un impacto, con lo cual se limita el espesor y el peso siempre que el vehículo se mantenga operativo.

El blindaje *add-on* puede ir acoplado directamente sobre el casco del vehículo, pero generalmente se sitúa dejando un cierto espacio entre el blindaje principal del vehículo y el *add-on*, con el objeto de que el proyectil una vez ha perforado el blindaje *add-on* deba volar todavía unos centímetros antes de impactar el blindaje principal. Como se ha observado de forma experimental, este procedimiento supone en muchas ocasiones una desestabilización del proyectil, que impacta sobre el blindaje principal generalmente con un ángulo de ataque que no corresponde con el impacto normal, de tal manera que el proyectil es mucho menos efectivo.

Lógicamente la decisión sobre acoplar el blindaje *add-on* sobre el blindaje principal directamente o situarlo con una cierta separación va a depender mucho del espacio que se tenga para situar el nuevo blindaje. Esto es especialmente complicado en el caso de la protección de la base o la placa de fondo del vehículo, pues generalmente existe poca distancia entre dicha chapa de fondo y el terreno, por lo que muchas veces no se dispone del espacio suficiente para disponer el blindaje *add-on* muy separado del blindaje principal. Por el contrario en las planchas frontal y lateral del vehículo generalmente no se tiene este problema y se puede situar con una cierta separación y de esa manera ser más efectivo.

Por lo que respecta a materiales, el blindaje *add-on* puede ser de chapa de acero de última generación o, si se dispone de mayor presupuesto se pueden emplear blindajes *add-on* cerámica-metal o incluso cerámica-*composite*. Estos últimos diseños evidentemente son más caros que un blindaje de acero pero a cambio no requieren tanto peso adicional, de forma que si no se quiere penalizar excesivamente la movilidad del vehículo es posible que sea necesario recurrir a este tipo de diseños en los que la capa frontal es cerámica y la capa posterior es de un metal ligero como aluminio o bien incluso de un material compuesto.

6.2 Diseño de blindajes *add-on*

Existen tres procedimientos para afrontar el diseño de blindajes *add-on*: modelos analíticos, simulación numérica o métodos empíricos (29).

- **Modelos analíticos**.

Consisten en obtener ecuaciones que simulen el proceso de penetración del proyectil a través del blindaje partiendo de las ecuaciones de la mecánica de medios continuos para, a través de hipótesis simplificadoras, deducir ecuaciones sencillas que permiten un cálculo rápido del proceso de penetración, dando como resultado velocidad residual del proyectil tras la perforación del blindaje y tamaño, forma y masa residual del proyectil tras la perforación. Este resultado, tras la perforación del blindaje *add-on*, sirve para después analizar el daño que puede causar ese proyectil residual sobre el blindaje principal del vehículo.

Entre los modelos analíticos existentes para simular la perforación de blindajes *add-on* destacamos para cerámica-metal el modelo de Zaera y Sánchez Gálvez (30) y para blindajes cerámica-*composite* el modelo de Chocrón y Sánchez Gálvez (28). Estos modelos permiten un análisis rápido de distintas alternativas para obtener una aproximación del diseño óptimo. El grado de fiabilidad de estos modelos se basa en las hipótesis utilizadas, de tal manera que su validez en muchos casos se reduce a casos concretos de tipo de proyectil, rango de velocidades, rango de espesores del blindaje, rango de ángulos de impacto, etc. En cualquier caso son útiles como un primer análisis de las distintas alternativas.

- **Simulación numérica.**

Este procedimiento, ya indicado en capítulos anteriores, consiste en discretizar los sólidos involucrados en el proceso de impacto (proyectil y blindaje) para utilizar bien sea el método de los elementos finitos o bien el método de las diferencias finitas, discretizar paso a paso el proceso de penetración y obtener de una manera mucho más precisa que con los modelos analíticos el resultado de la perforación del blindaje *add-on* para obtener tanto la longitud y masa del proyectil residual como su velocidad tras la perforación. Los modelos de simulación proporcionan una información muy detallada de cómo se encuentra el proyectil tras la perforación del blindaje *add-on* y por lo tanto son muy valiosos para simular posteriormente el impacto de ese proyectil residual sobre el blindaje principal del vehículo. Los inconvenientes de la simulación numérica, ya enunciados en capítulos anteriores, son fundamentalmente la dificultad de disponer de información precisa y fiable del comportamiento de los materiales involucrados, especialmente cuando se utilizan blindajes *add-on* cerámica-metal o cerámica-*composite*. Por tal motivo en muchos casos es preciso utilizar parámetros experimentales que es necesario finalmente contrastar con pruebas de fuego reales.

En la figura 34, a modo de ejemplo se representa la simulación numérica, utilizando el código AUTODYN 3D del proceso de perforación de un blindaje *add-on* de alúmina/aluminio por un proyectil APFSDS. Se observa la deformación del proyectil tras perforar el blindaje *add-on* y su detención en el blindaje principal del acero.

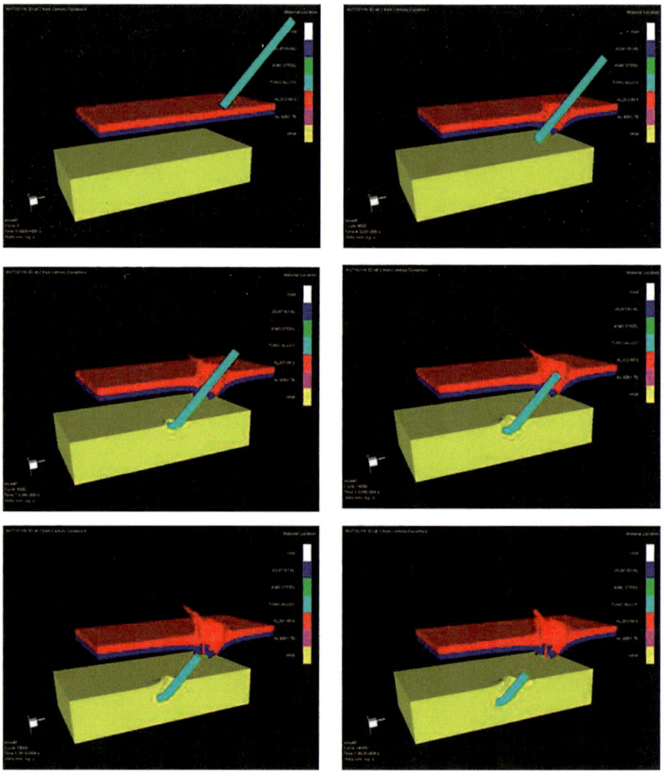

Figura 34. Simulación numérica del proceso de perforación de un blindaje *add-on* alúmina/aluminio por un proyectil de energía cinética

- **Método experimental.**

Este procedimiento ya citado en capítulos anteriores consiste básicamente en realizar pruebas de fuego con blindajes y proyectiles reales. De los tres procedimientos citados, obviamente es el más seguro y fiable, si bien también es el más largo y costoso pues requiere instalaciones especiales y en muchos casos aparecen problemas medioambientales. Por lo que hemos indicado en los apartados anteriores nunca ningún procedimiento de los citados permite evitar por completo las pruebas experimentales de comprobación, si bien los métodos analíticos y numéricos permiten reducir el número de pruebas de fuego finales. En consecuencia en muchos casos el diseño del blindaje *add-on* se lleva a cabo utilizando una combinación inteligente de los tres procedimientos citados.

En resumen, cuando se trata de llevar a cabo la optimización del diseño de un blindaje *add-on*, lo más apropiado es seguir sucesivamente los tres procedimientos citados. En primer lugar los modelos analíticos permiten analizar múltiples combinaciones de materiales, ángulos de impacto, espesores, combinaciones de materiales, separación del blindaje principal, etc., para discriminar entre las posibles soluciones en base a los criterios que se quieran utilizar para la optimización, bien sea el espesor del blindaje, el peso del blindaje, o el coste del mismo. A continuación la simulación numérica, más costosa y más lenta que la modelización analítica permite afinar la solución entre las distintas alternativas encontradas con la modelización analítica. De esta manera se obtienen ya diseños muy aproximados al óptimo. Finalmente las pruebas de fuego reales, que nunca pueden evitarse del todo, permiten garantizar que el diseño obtenido por la simulación numérica proporciona la protección requerida y que los resultados en cuanto a velocidad, longitud y masa residual del proyectil tras la perforación son los que predice la simulación.

6.3 Ejemplos de diseño

En las figuras 35a y b se muestran ejemplos de utilización del modelo de Zaera y Sánchez Gálvez (30) para la simulación analítica del proceso de perforación de blindajes *add-on* cerámica-metal. Las figuras muestran los resultados del modelo analítico y la comparación con la simulación numérica utilizando el programa comercial AUTODYN tanto para impacto sobre cerámica de alúmina de 99,5% de pureza y aleación de aluminio 7075, como sobre cerámica de nitruro de aluminio y aleación de aluminio 7075 con un proyectil APDS de 25 mm. con una velocidad de impacto de 300 m/s puede comprobarse que el modelo analítico da unos resultados similares a los obtenidos con la simulación numérica con un cálculo mucho más rápido.

Finalmente la tabla 26, incluida en el capítulo 4 de esta publicación, y la tabla 31 adjunta muestran resultados de la simulación numérica y resultados experimentales del impacto de un proyectil de 25 mm APDS y de un proyectil de 20 mm APDS sobre blindaje *add-on* de cerámica-aluminio. Puede observarse un buen acuerdo entre los resultados experimentales y numéricos tanto de la velocidad residual del proyectil tras la perforación como de la longitud residual del proyectil tras la perforación. También la simulación numérica confirma el resultado ya destacado en la introducción de este capítulo de que el proyectil tras perforar el blindaje *add-on* de cerámica-aluminio, no solamente sale con una velocidad reducida y con una longitud reducida sino que además sale desestabilizado con un movimiento de rotación, de manera que el impacto sobre el blindaje principal es muy poco efectivo al tener un ángulo de ataque muy grande y por lo tanto con muy escasa capacidad de penetración en el blindaje principal.

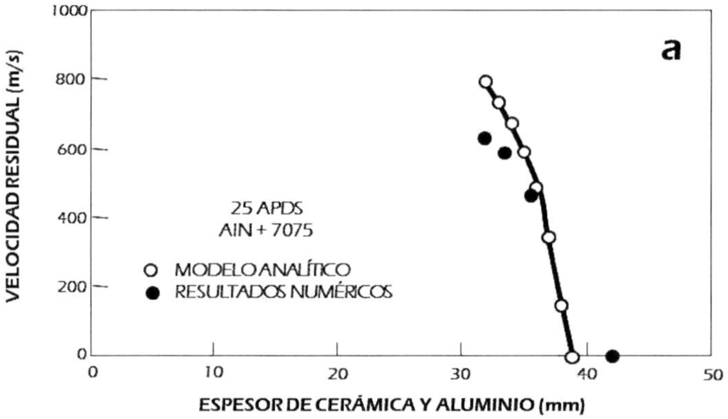

Figura 35. Resultados analíticos y numéricos de velocidades residuales tras la perforación de blindajes *add-on* cerámica/metal

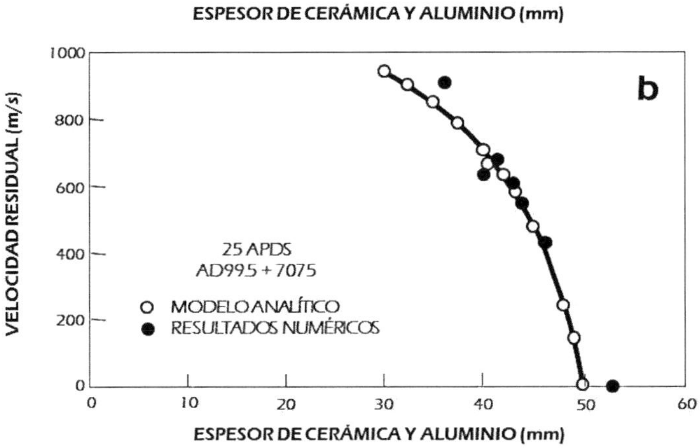

Figura 35 (cont.). Resultados analíticos y numéricos de velocidades residuales tras la perforación de blindajes *add-on* cerámica/metal

Espesores alúmina/ aluminio (mm)	Angulo de impacto	Velocidad residual numérica (m/s)	Velocidad residual experimental (m/s)	Longitud residual numérica (mm)	Longitud residual experimental (mm)
20/10	0	1035	930	23	22
20/15	0	970	930-960	20	24-27
25/10	0	960	960	22	25
25/15	0	880	939	18	24
15/10	50	940	912-956	23	19-25
18/10	50	850	776	20	19
20/10	50	790	836-874	18	20-24
15/9	60	825	813-941	16	20-21
18/10	60	460	465	17	15
20/8	60	670	1090	15	19

Tabla 31. Resultados numéricos y experimentales de la perforación de un blindaje *add-on* cerámica/aluminio por un proyectil de 20 mm APDS

Asimismo, en la figura 36 se presentan resultados analíticos con el modelo de Chocrón y Sánchez Gálvez (28) del impacto de distintos proyectiles sobre blindaje *add-on* de cerámica-*composite*. En este caso el blindaje es de alúmina de 95% de pureza y la placa posterior es de Kevlar-29. Se representan resultados de la velocidad residual tras el impacto en función de la velocidad de impacto para distintos pesos superficiales del blindaje *add-on*. Los resultados de límite balístico del modelo analítico permiten comparar con resultados experimentales que ya mostraron un buen acuerdo en el capítulo anterior. Por tal motivo es de suponer que los resultados mostrados ahora en estas figuras sean válidos para el diseño de blindajes *add-on* cerámica-*composite*.

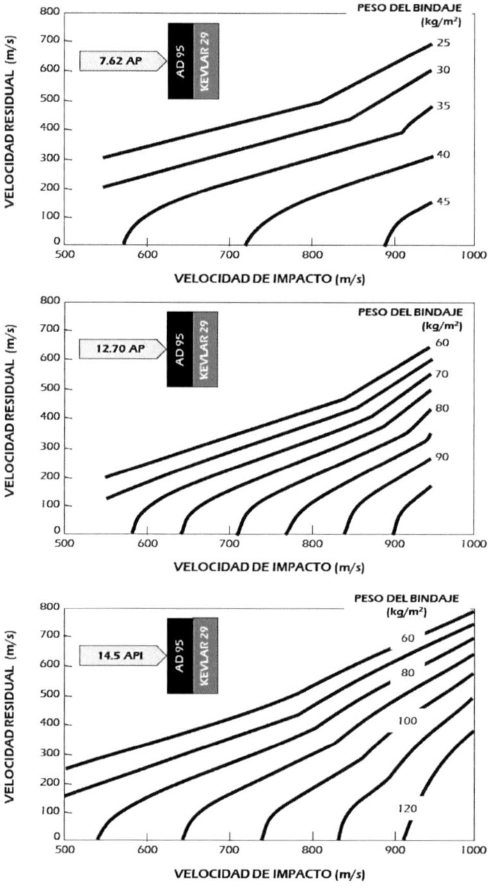

Figura 36. Resultados analíticos del modelo de Chocrón y Sánchez Gálvez de velocidad residual frente a velocidad de impacto para blindajes *add-on* alúmina/Kevlar y distintos proyectiles

Referencias

1. Creusot Loire, Datos balísticos del acero MARS 240.
2. Gooch W. et al., "Ballistic testing of Swedish Steel for U.S. Army applications", 21st Int Symp on Ballistics, Adelaide, Australia, April 2004.
3. Creusot Loire, Datos balísticos del acero MARS DD.
4. U.S. Army Research Laboratory, "Ballistic testing of SSAB ultra high hardness Steel for armor applications", ARL-TR 4632, Oct 2008.
5. U.S. Army Research Laboratory, "Ballistic Performance testing of aluminum alloy", 5059-H131 and 5059-H136 for armor applications, ARL-TR 4427, May 2007.
6. U.S. Army Research Laboratory Military, "Specification MIL-DTL-46027 K (MR) Armor Plate Aluminum Alloy Weldable", 5083 and 5456, Sept 1998.
7. U.S. Army Research Laboratory: Energy Partitioning and Microstructural Observations Related to Perforation of Titanium and Steel Targets. ARL-TR 1453, Sept 1997.
8. Bruchey W.J., Burkin M.S., "Suppression of material failure modes in titanium armors", 17th Int Symp on Ballistics, Midrand, South Africa, March 1998.
9. Tyrone L. et al., "Ballistic performance of magnesium alloy AZ31B", 23rd Int Symp on Ballistics, Tarragona, Spain, April 2007.
10. Bangash M.Y.H., "Impact and Explosion Analysis and Design", Blackwell Scientific Pub, 1993.
11. Morales G., Cendón D., Sánchez Gálvez V., "Simulación numérica de elementos estructurales de hormigón armado de alta resistencia sometidos a explosiones", *Hormigón y Acero* **262**, pp. 65-78, 2011.
12. Hanchak S. J. et al., "Perforation of concrete slabs with 48 MPa (7 ksi) and 140 MPa (20 ksi) unconfined compressive strength", *Int J of Impact Engng* **12** (1), pp. 1-7, 1992.
13. Dancygier A.N., Yankelevsky D.Z., "High strength concrete response to hard projectile impact", *Int J Impact Engng* **18** (6), pp. 583-599, 1996.
14. Teng Tso Liang et al., "Penetration resistance of reinforced concrete containment structures", *Annals of Nuclear Energy* **32**, pp. 281-298, 2005.

15. Rozenberg Z., Yeshurun Y., "The relation between ballistic efficiency and compressive strength of ceramic tiles", *Int J of Impact Engng* **7** (3), pp. 357-362, 1998.

16. Briales C. et al., "An experimental and numerical study on the impact of ballistic projectiles onto ceramic/metal armours", 15th Int Symp on Ballistics, Jerusalem,May 1995.

17. U.S. Army Research Laboratory, "Analysis of long rods impacting ceramic targets at high velocity", ARL-TR 1493, Sept 1997.

18. Anderson C. et al., "Long rod penetration into intact and pre-damaged SiC ceramic", 24th Int Symp on Ballistics, New Orleans, Sept 2008.

19. Orphal D.L., Franzen R.R., "Penetration of confined Silicon carbid targets by tungsten long rods at impact velocities from 1.5 to 4.6 km/s", *Int J Impact Engng* **19** (1), pp. 1-13, 1997.

20. Chocron I.S. et al., "Dynamic tensile testing of aramid and polyethylene fiber composites", *Int J of Impact Engng* **19** (2), pp. 135-146, 1997.

21. Cunniff P., "An análisis of the system efects in woven fabrics under ballistic impact", *Textile Research J* **62** (9), pp. 495-509, 1992.

22. Roylance D., Wang S.S., "Penetration mechanics of textil estructures" *Ballistic Materials and Penetration Mechanics*, R.C. Laible, Ed., Elsevier, 1980.

23. Parga B., Hernández F., "An analytical model to predict impact behaviour of soft armours", *Int J Impact Engng* **16** (3), pp. 455-466, 1995.

24. Chocrón I.S. et al., "A simple analytical model to simulate textile fabric ballistic impact behaviour", *Textile Research J* **67** (7), pp. 34-41, 1997.

25. Tan V.B.C., Lim C.T., Cheong C.H., "Perforation of high strength fabric by projectiles of different geometry" *Int J of Impact Engng* **28**, pp. 207-222, 2003.

26. Gower H.L., Cronin D.S., Plumtree A., "Ballistic impact response of laminated composite panels", *Int J of Impact Engng* **35**, pp. 1000-1008, 2008.

27. Gorp E.H.M. van et al., "A model for HPPE based lightweight add-on armour", Int Symp on Ballistics, 1993.

28. Chocrón I.S., Sánchez Gávez V., "A new analytical model to simulate impact onto ceramic/composite armors", *Int J of Impact Engng* **21** (6), pp. 461-471, 1998.

29. Sánchez Gálvez V., Sánchez Paradela L., "Analysis of failure of add-on armour for vehicle protection against ballistic impact", *Engng Fail Anal* **16**, pp. 1837-1845, 2009.

30. Zaera R., Sánchez Gálvez V., "Analytical modelling of ballistic impact of normal and oblique ballistic impact on ceramic/metal lightweight armours", *Int J of Impact Engng* **21**, pp. 133-148, 1998.

Centros y grupos de investigación activos en investigación sobre protección balística

- Departamento de Ciencia de Materiales. Universidad Politécnica de Madrid
- IMDEA Materiales.
- Departamento de Mecánica de Medios Continuos y Teoría de Estructuras. Universidad Carlos III de Madrid.
- Instituto Tecnológico La Marañosa. Ministerio de Defensa.
- Instituto Nacional de Técnica Aeroespacial Esteban Terradas (INTA). Ministerio de Defensa.

Empresas con actividad de I+D en protección

- General Dynamics Santa Bárbara Sistemas GDSBS
- COSMOS
- Parafil, S.A.
- Ingeniería Energética y Obras
- SERTEC Engineering
- OTP Olive Treyvaud & Partners
- OCV Reinforcements
- CPV Control Técnico y Prevención de Riesgos, S.A.

Índice de figuras

Índice de tablas